水力学实验

王玉才　韩　祎　武兰珍　高彦婷　主编

黄河水利出版社

·郑州·

内 容 提 要

本书主要介绍了水力学实验的原理和方法。本书主要包括实验理论基础、水力学基本实验、实验报告等三篇内容。水力学基本实验包括静水压强实验、流速测量(毕托管)实验、管流流态实验(雷诺实验)、管道沿程水头损失实验、管道局部水头损失实验、能量方程验证实验、文丘里实验、孔口和管嘴出流实验、明渠水跃实验、明渠水面曲线演示实验等内容。

本书可作为高等院校水利、土木类专业的实验教材,也可作为大专、中等专业学校相关专业的实验参考书,并可作为实验检测技术人员的工具参考书。

图书在版编目(CIP)数据

水力学实验/王玉才等主编. —郑州:黄河水利
出版社,2021.11
ISBN 978-7-5509-3177-0

Ⅰ.①水… Ⅱ.①王… Ⅲ.①水力实验-高等学校-
教材 Ⅳ.①TV131

中国版本图书馆 CIP 数据核字(2021)第 256437 号

策划编辑:杨雯惠 电话:0371-66020903 E-mail:yangwenhui923@163.com

出 版 社:黄河水利出版社 网址:www.yrcp.com
　　　　地址:河南省郑州市顺河路黄委会综合楼 14 层 邮政编码:450003
发行单位:黄河水利出版社
　　　　发行部电话:0371-66026940、66020550、66028024、66022620(传真)
　　　　E-mail:hhslcbs@126.com
承印单位:河南匠之心印刷有限公司
开本:787 mm×1 092 mm 1/16
印张:5.5
字数:127 千字
版次:2021 年 11 月第 1 版 印次:2021 年 11 月第 1 次印刷

定价:15.00 元

前　言

　　水力学是以水为研究对象,揭示液体平衡和机械运动规律及如何运用这些规律来解决工程实际问题的一门课程,是水利水电工程、土木工程、水文与水资源工程、港口航道与海岸工程、海洋工程、农业水利工程等专业的主要技术基础课程。而水力学实验又是水力学课程中至关重要、不可或缺的实践教学环节,通过水力学实验实地观察水流现象,增强感性认识,巩固理论知识,加深对流体一般规律和有关基本概念、理论的认识,学会必要的分析计算方法和一定的实验技术和技能,为学习专业课、解决工程中水力学问题、获取新知识和进行科学研究打下必要的基础,以培养学生的动手能力和从事科学实验研究的能力。因此,水力学实验课程对各类技术人才的培养起着重要的作用。

　　本书主要包括实验理论基础、水力学基本实验、实验报告等三篇内容。水力学基本实验包括静水压强实验、流速测量(毕托管)实验、管流流态实验(雷诺实验)、管道沿程水头损失实验、管道局部水头损失实验、能量方程验证实验、文丘里实验、孔口和管嘴出流实验、明渠水跃实验、明渠水面曲线演示实验等内容,对实验目的、实验原理、实验设备和仪器、实验方法和步骤、数据处理和结果分析及注意事项等均进行了阐明,并在每个实验后设置了思考题,使学生养成勤于思考、善于归纳总结的学习习惯。

　　本书由甘肃农业大学水利水电工程学院王玉才、韩祎、武兰珍、高彦婷担任主编。本书在编写过程中参考了诸多专著、教材和规范,在此向相关作者致以诚挚的谢意!

　　由于编者水平有限,书中难免有疏漏与不足之处,恳请各位读者批评指正。

编　者
2021 年 8 月

目　录

第一篇　实验理论基础

第二篇　水力学基本实验

第三篇　实验报告

水力学实验要求

一、水力学教学要求

通过本课程的学习,使学生养成良好的科学实验素养,正确理解和掌握水力学实验的基本理论和实验操作方法,具备独立完成水力学相关实验的能力和运用水力学实验手段解决实际水力问题的能力,具备团队协作和终身学习的能力。具体课程目标如下:

(1)理解和掌握水静力学、液体流动、管流与摩阻、孔口和管嘴、明渠等水力学实验的基本理论和操作方法,具有细致观察实验过程和进行理论分析的能力,具有分析处理实验数据的能力,可为工程实验设计和实施提供依据。

(2)掌握水静力学、液体流动、管流与摩阻、孔口和管嘴、明渠等水力学实验的具体操作方法,具备整理分析实验数据的能力,并可以通过测定的实验数据有效地推理演绎出合理的实验结论。

(3)通过设立 5~8 人的实验小组,使学生在具体的水力学实验过程中形成团队协作意识,具备综合分析处理实验数据的能力和协调合作的能力。

(4)理解和掌握水力学相关实验的内容和操作方法,具有独立进行科学实验的初步能力,并认识到水力学实验发展的前沿问题,使学生具备自主学习的能力和终身学习的意识。

二、水力学实验内容

为保证水力学实验的有效进行,满足各种教学实验的要求,可采用两个层次的教学实验。

(一)基本验证性实验

基本验证性实验包括物理性质实验、静水压强实验、雷诺实验、恒定流三大方程实验、沿程水头损失与局部水头损失实验、孔口和管嘴出流实验,还包括应用水力学实验,如明渠水跃实验、消能实验、达西渗透实验等。

(二)选修实验

在专业教师的指导下,开展参考书、专业文献的阅读,并组织学生进行一些现代量测技术、节水与用水创新型实验仪器的研发测试等。通过实验加深学生对理论知识的理解,培养其具有初步科学实验的能力。

三、水力学实验要求

(一)基本要求

水力学实验课程的基本任务是:观察分析水流现象,验证水力学相关理论,理解和掌握科学实验的方法和操作技能,培养整理实验资料和编写实验报告的能力。

在进行实验的过程中,要注意培养实验者的动手能力和独立工作的能力,使每个实验者有观察实验现象、进行实验操作和组织实验的机会,并能独立整理分析实验结果,受到实验技能的基本训练。

各项实验分别介绍了实验目的、实验原理、实验设备和仪器、实验方法和步骤、数据处理和结果分析及注意事项,以及可供实验者编写实验报告时参考的表格。要求做完实验后,实验者要独立认真完成一份实验报告,按时交指导教师批阅。为了使实验者能深入地掌握和巩固有关实验内容,每个实验项目的结尾都列有一定数量的思考题,供实验者进一步深入思考,并要求在实验报告中作出书面回答,随实验报告交指导教师审阅批改。

(二)学生实验守则

(1)上实验课的学生必须准时到达实验室,不得无故缺席、迟到、早退。

(2)进入实验室后必须遵守实验室的各项规章制度,保持安静,爱护公物,注意节约,禁止吸烟和随地吐痰,做到文明实验。

(3)实验前,应认真预习实验指导书,熟悉仪器的性能、操作规程及注意事项。

(4)实验时,要严肃认真、细心操作,做好记录,并独立完成实验,不得依赖教师或由他人代做,养成良好和科学的工作作风。

(5)实验过程中对易燃、易爆、有毒等物品和用电严守操作规程,注意安全。当实验仪器发生故障,或实验品被损坏时,应立即报告指导教师,查清原因,属于责任事故的损坏,按有关规定赔偿。

(6)实验结束后,整理、清洗好所有实验器材、用品,打扫卫生,并按实验报告交指导教师审阅,经指导教师验收同意后,方可离开实验室。

(7)实验室的仪器、工具、零件等一律不得擅自带出实验室。

(三)实验报告的基本内容和要求

1. 基本内容

实验报告应体现实验预习、实验记录和实验总结,要求这三个过程可在一个实验报告中完成。本课程实验主要包括:①静水压强实验;②流速测量(毕托管)实验;③管流流态实验(雷诺实验);④管道沿程水头损失实验;⑤管道局部水头损失实验;⑥能量方程验证试验;⑦文丘里实验;⑧孔口和管嘴出流实验;⑨明渠水跃实验等。

2. 要求

1)实验预习

在实验前,每位同学都需要对本次实验进行认真的预习,在实验报告中要得出实验目的、实验要求,需要用到的实验设备环境。

2)实验记录

根据实验内容的要求,将实验过程中的关键步骤记录下来。

3)实验总结

实验总结主要包括对实验结果、实验中遇到的问题、实验的关键点等内容进行整理、解释、分析总结,并回答思考题。

4)上交实验报告

纸质实验报告统一收齐后上交。

第一篇　实验理论基础

第一章　量纲分析理论

一、基本量纲与导出量纲

在水力学中经常遇到的物理量有长度、时间、质量、速度、加速度、力、黏度等,这些物理量按其性质不同分为不同的类别。人们把表征物理量的种类通称为量纲或因次。由于许多物理量的量纲之间有一定联系,因此把物理量的量纲分为两大类:一类是基本量纲,即它们彼此相互独立,任何基本量纲都不能从其他基本量纲推导出来。水力学中常选择长度(以$[L]$表示)、时间(以$[T]$表示)和质量(以$[M]$表示,有时为力$[F]$)作为基本量纲。另一类为导出量纲,可由量纲公式通过基本量纲导出,如$[x]=[L^\alpha W^\beta M^\gamma]$,$\alpha$、$\beta$、$\gamma$称为量纲指数。

(1)若$\alpha\neq0,\beta=0,\gamma=0$,则$x$为几何学的量;

(2)若$\alpha\neq0,\beta\neq0,\gamma=0$,则$x$为运动学的量,如速度量纲$[V]=[L]/[T]=[LT^{-1}]$;

(3)若$\alpha\neq0,\beta\neq0,\gamma\neq0$,则$x$为动力学的量,如力的量纲$[F]=[MLT^{-2}]$。

如果一个物理量的所有量纲指数为零,就称为无量纲(量纲为1)量。无量纲量可以是相同量纲量的比值(如角度、三角函数),也可以是几个有量纲量通过乘除组合而成的,如水力学中常见的无量纲量有雷诺数Re(表达式为$Re=\dfrac{ul}{\nu}$),弗劳德数Fr(表达式为$Fr=\dfrac{u}{\sqrt{gl}}$)等。

二、量纲和谐原理及量纲分析法

凡是正确反映某一物理现象变化规律的完整的物理方程,其各项量纲都必须是一致的,称为量纲和谐原理。如水静力学基本方程$p=p_0+\rho gh$,各项的量纲都必须是$[ML^{-1}T^{-2}]$。

对于量纲和谐的方程,都可以用方程中任一项量纲去除其他各项,得到一个新的无量纲方程。如用ρgh除其余各项,可得无量纲准数方程:

$$\frac{p}{\rho gh}=\frac{p_0}{\rho gh}+1 \tag{1.1-1}$$

量纲分析就是利用量纲和谐原理,通过一系列换算,将原来含有较多物理量的方程,转化成由数量较少的无量纲准数组成的新方程,从而减少方程的变量,相应的实验也可以得到简化。量纲分析方法有两种:一种适用于比较简单的问题,称为瑞利法;另一种是具有普遍性的方法,称为 π 定理(也称为布金汉定理)。

瑞利法的实质是应用量纲和谐原理来建立物理现象的函数关系,现通过求单摆的摆动周期的典型实例来进行说明。

【例 1.1-1】 设有一弦长为 l 的单摆,摆端有质量为 m 的摆球,用瑞利法求单摆的摆动周期 t 的表达式。

解:根据单摆现象观测,周期 t 与弦长 l、摆球质量 m 及重力加速度 g 有关,即

$$t = f(l, m, g) \tag{1.1-2}$$

令

$$t = k l^\alpha m^\beta g^\gamma \tag{1.1-3}$$

式中　k——无纲常量;

　　α、β、γ——待定常数。

若选择 $[M, L, T]$ 为基本量纲,则上式可写成

$$[T] = [L]^\alpha [M]^\beta [LT^{-2}]^\gamma \tag{1.1-4}$$

根据量纲和谐原理,有

$[M]$:　　　　　　　　$\beta = 0$

$[T]$:　　　　　　　　$\alpha + \gamma = 0$

$[L]$:　　　　　　　　$-2\gamma = 1$

联解上列三式得:$\alpha = \dfrac{1}{2}$,$\beta = 0$,$\gamma = -\dfrac{1}{2}$。将这些指数代入式(1.1-3),得

$$t = k \sqrt{\frac{l}{g}} \tag{1.1-5}$$

由单摆实验得到 k 为一常数,并等于 2π,则得单摆周期的表达式为

$$t = 2\pi \sqrt{\frac{l}{g}} \tag{1.1-6}$$

这与理论分析的结论完全相同。

三、π 定理(也称为布金汉定理)

利用瑞利法建立物理现象的函数表达式,最大的优点是简单易行,但当待求的物理方程中包含的参变量大于 3 个时,瑞利法就无能为力了。布金汉提出的 π 定理方法就是目前量纲分析的普遍方法。π 定理可以表述为:任何一个物理过程,若有 n 个物理量参与作用,其物理过程可表示为函数关系,即

$$f(x_1, x_2, \cdots, x_n) = 0 \tag{1.1-7}$$

当这些参变量中包括 m 个量纲独立的基本物理量时,则经过处理,这一物理过程可由包含 $n-m$ 个由这些物理量组成的无量纲数 π 的函数关系式来表示,即

$$F(\pi_1, \pi_2, \cdots, \pi_{n-m}) = 0 \tag{1.1-8}$$

其中,各个 π 项可以表示为

$$\pi_i = x_{m+1}^k x_1^{\alpha_i} x_2^{\beta_i} \cdots x_m^{\gamma_i} \tag{1.1-9}$$

或

$$\pi_i = \frac{x_{m+1}}{x_1^{\alpha} x_2^{\beta} \cdots x_m^{\gamma}} \tag{1.1-10}$$

式中,$i=1,2,\cdots,n-m$;k 一般取 1 或 -1;$\alpha_i,\beta_i,\cdots,\gamma_i$ 分别为基本量 $x_1,x_2,\cdots,x_m$ 的待定指数,根据量纲和谐原理确定。

式(1.1-8)表达了原问题的物理关系。工程流体问题中,一般基本量的个数取 3 个,即 $m=3$,通常几何学、运动学、动力学各取 1 个,并按下面的方法对其是否符合量纲独立进行校核。

校核方法:对选择的 3 个基本量,若各量量纲式中指数是线性无关的,也就是说,这些指数所组成的矩阵的行列式不等于 0,则它们的量纲是相互独立的,即

$$[x_1] = M^{\alpha_1} L^{\beta_1} T^{\gamma_1}$$

$$[x_2] = M^{\alpha_2} L^{\beta_2} T^{\gamma_2}$$

$$[x_3] = M^{\alpha_3} L^{\beta_3} T^{\gamma_3}$$

如果

$$\Delta = \begin{vmatrix} \alpha_1 & \beta_1 & \gamma_1 \\ \alpha_2 & \beta_2 & \gamma_2 \\ \alpha_3 & \beta_3 & \gamma_3 \end{vmatrix} \neq 0 \tag{1.1-11}$$

则 x_1、x_2、x_3 是具有量纲相互独立的量。

下面举例说明 π 定理在量纲分析中的应用。

【例 1.1-2】 利用 π 定理建立圆球的黏滞阻力公式。

设影响圆球在流体中运动(或流体绕圆球运动)时引起的黏滞阻力 F_D 与流体的密度 ρ、动力黏滞系数 μ、球体与流体的相对速度 v,以及表征球体的特征面积 A 有关,于是黏滞阻力的函数关系式可写为

$$F_D = f(\rho, \mu, v, A)$$

对于圆球,其受流面积 $A = \frac{\pi d^2}{4}$(d 为圆球直径),则上式可改写为

$$f_1(F_D, \rho, \mu, v, d) = 0 \tag{1.1-12}$$

式(1.1-12)共有 5 个变量,选择 ρ、v、d 为基本量,其中 d 代表球体几何尺度,v 代表运动特性,ρ 代表流体特性,它们包含了 3 个基本因次 $[M, L, T]$,各基本量的因次式分别为

$$[d] = [M^0 L^1 T^0]$$

$$[v] = [M^0 L^1 T^{-1}]$$

$$[\rho] = [M^1 L^{-3} T^0]$$

其基本因次的指数行列式为

$$\begin{vmatrix} 0 & 1 & 0 \\ 0 & 1 & -1 \\ 1 & -3 & 0 \end{vmatrix} = -1 \neq 0$$

行列式不等于 0,表明所选择的基本量是因次独立的。

根据 π 定理,式(1.1-12)中的其他参变量 F_D 和 μ 可用无因次 π 项表示,即

$$\pi_1 = \frac{F_D}{\rho^{a_1} v^{b_1} d^{c_1}} \qquad (1.1\text{-}13)$$

$$\pi_2 = \frac{\mu}{\rho^{a_2} v^{b_2} d^{c_2}} \qquad (1.1\text{-}14)$$

而式(1.1-12)可化简为

$$f_2(\pi_1, \pi_2) = 0 \qquad (1.1\text{-}15)$$

因为 π_i 项是无因次的,即

$$[\pi_1] = [M^0 L^0 T^0]$$

因此,式(1.1-13)的因次关系式为

$$[M^0 L^0 T^0] = \frac{[MLT^{-2}]}{[ML^{-3}]^{a_1} [LT^{-1}]^{b_1} [L]^{c_1}} = [M]^{1-a_1} [L]^{1+3a_1-b_1-c_1} [T]^{-2+b_1}$$

根据因次和谐原理,上式等号两侧相同因次的指数应相等,则有

$[M]$: $\qquad\qquad 0 = 1 - a_1$

$[L]$: $\qquad\qquad 0 = 1 + 3a_1 - b_1 - c_1$

$[T]$: $\qquad\qquad 0 = -2 + b_1$

联解上列三式得: $a_1 = 1$, $b_1 = 2$, $c_1 = 2$。将它们代入式(1.1-13)中,得

$$\pi_1 = \frac{F_D}{\rho v^2 d^2}$$

同理可得

$$\pi_2 = \frac{\mu}{\rho v d} = \frac{\nu}{v d} = \frac{1}{Re}$$

于是式(1.1-15)可写成

$$f_2\left(\frac{F_D}{\rho v^2 d^2}, \frac{1}{Re}\right) = 0 \qquad (1.1\text{-}16)$$

或

$$\frac{F_D}{\frac{1}{2}\rho v^2 d^2} = f_3(Re) = C_D \qquad (1.1\text{-}17)$$

式中 C_D——阻力系数,与雷诺数 Re 有关。

于是得到圆球的黏滞阻力表达式为

$$F_D = \frac{1}{2}\rho v^2 d^2 C_D \qquad (1.1\text{-}18)$$

这一结果与理论分析得到的阻力公式完全相同。

量纲分析法是解决水力学及流体力学问题的一种有效研究手段。通过量纲和谐原理,可以校核由理论推导出的或由实验分析出的物理方程式的正确性,甚至可以借助量纲分析方法求出各变量之间的某些联系,从而建立正确的、结构简单的物理方程式;对于一些不能完全用数学方法求解的工程流体问题,可以借助量纲分析法确定模型实验的相似条件,为模型实验的设计和观测提供依据,有效减少实验次数等,所以说量纲分析法是水

力学及流体力学研究的重要手段之一。

【例 1.1-3】　经分析与管内流动阻力有关的影响因素为 $\Delta P = f(\rho, v, d, \mu, g, \varepsilon)$，若要通过实验的方法对每一个因素进行分析，则自变量参数达到 6 个。实验时假定每个参数改变 5 次，则实际实验次数为 5^6(15 625)次；又假定每次实验花 1 h，每天工作 8 h，则需 1 953 天(约 5 年)！ 如果先采用量纲分析法得到无量纲准则方程：

$$Eu = \frac{\Delta P}{\rho v^2} = f\left(\frac{\rho v d}{\mu}, \frac{v^2}{gd}, \frac{\varepsilon}{d}\right) = f\left(Re, Fr^2, \frac{\varepsilon}{d}\right) \tag{1.1-19}$$

则实验的自变量参数可减小为 3 个，实验次数和时间将大大减少，且数据处理也将变得更为简捷。

必须指出的是，量纲分析法具有一定的缺陷和局限性。量纲分析法本身对变量的选取不能提供任何指导和启示，如果漏选或多选了重要的变量，将得到错误的物理方程；量纲分析法也没有给出所研究问题的最终解，它只提供了方程的基本结构，还需要借助实验手段确定函数的数值关系，如例 1.1-2 中阻力系数的确定。

第二章　相似理论

一、流动相似的概念

自然界中物理现象的相似,是指两个物理体系(通常一个是实际的物理现象,称为原型;另一个是在实验中进行重演或预演的同类物理现象,称为模型)的形态和某种变化过程相似。若两个物理体系相似,则必然能用相同的数学物理方程来进行描述,并同时满足几何相似、运动相似、动力相似及初始条件和边界条件相似等。

(1)几何相似:指原型和模型两个流场中,所有相应线段的长度都维持一定的比例关系,即几何比尺为 $\lambda_l = \dfrac{l_p}{l_m}$,下标 p 和 m 分别代表原型和模型(下同)。若各个方向的 λ_l 相同,则称为正态相似;若有某个方向的 λ_l 不能取得一致,则原型和模型就是变态相似,两个不同方向的几何比尺之比称为变率 η。若以水平比尺 λ_l 和垂直比尺 λ_h 之比表示变率,即 $\lambda = \dfrac{\lambda_l}{\lambda_h}$,则变率越大,几何相似性越差。

(2)运动相似:指原型和模型两个流场中各对应点的速度(加速度)的方向相同,大小维持一定的比例关系。对应的比例常数有时间比尺 λ_t、速度比尺 λ_v、加速度比尺 λ_a 等。物理现象本身的规律决定了这些比例常数之间存在一定的制约关系。如时间比尺 λ_t、速度比尺 λ_v、几何比尺 λ_l 之间应该满足 $\dfrac{\lambda_v \lambda_t}{\lambda_l} = 1$。说明在模型设计中,各种比尺的确定不能全部任意指定。

(3)动力相似:指作用于原型和模型两个流场相应点上的各种作用力的方向对应一致,大小维持统一的比例关系,也称为力的作用相似,即力的比尺为 λ_F。一个物理体系,可能同时存在多个动力作用。水力学及流体力学中常遇到的作用力包括惯性力 F_l、重力 F_g、黏滞力 F_μ、黏滞阻力 F_D、表面张力 F_σ 和弹性力 F_e 等,在动力相似体系中,所有这些对应的力的方向应相互平行,大小成统一比例,即等于 λ_F。

(4)初始条件和边界条件相似:任何流动过程的发展都受到初始状态的影响。如初始时刻的流速、加速度等物理参数是否随时间变化对其后的流动发展与变化有重要的作用。因此,对于非恒定流,要使两个流动相似,应使其初始状态的物理参数相似。边界条件同样是影响流动过程的重要因素,要使两个流动力学相似,则应使其对应的边界的性质相同,几何尺度成比例。如原型中是固体壁面,则模型中对应部分也应该是固体壁面;原型中是自由液面,则模型中对应部分也应是自由液面。

二、流体模型实验中常用的相似准则

流体模型实验是依据相似原理把建筑物的原型按一定比例缩小制成模型,模拟与天然情况相似的水流进行观测和分析研究,然后将模型实验的结果换算和应用到原型中,从而分析判断原型情况的研究方法。模型实验是否成功的关键问题在于保证模型水流和原型水流保持流动相似,因此必须按照一定的相似准则来设计模型,即确定模型中各项比尺。

表示物理力学体系起主导作用的物理力的相似条件,叫作相似准则,也称为相似律。在经典力学范畴内最普遍的相似准则就是牛顿相似准则,即

$$\left(\frac{F}{\rho l^2 u^2}\right)_p = \left(\frac{F}{\rho l^2 u^2}\right)_m = Ne \qquad (1.2\text{-}1)$$

式(1.2-1)中,Ne 称为牛顿相似准数,它表明:作用在原型或模型上的力与其密度的一次方、长度的平方和速度的平方三者之乘积的比值等于同一常数。原型和模型欲满足惯性力作用下动力相似,它们的牛顿相似准数 Ne 应相等,这称为牛顿相似准则。

原型和模型只有满足相似准数相等,现象才能够相似,因此相似准数是进行模型设计的依据。相似准数可以通过分析两相似体系共同遵守的物理方程式及其相应的定解条件来获得;当某一物理现象尚未建立起微分方程时,也可借助量纲分析法来获得;还可利用力学相似体系中各种力的比尺应相等这一条件,求得使各种力保持相似的相似准数。

由上述方法可求得流体模型实验中常用的相似准则有:

(1)重力相似准则(弗劳德相似准则):在原型和模型之间,如满足重力作用下动力相似,它们的弗劳德数 Fr 应相等,即

$$\left(\frac{u^2}{gl}\right)_p = \left(\frac{u^2}{gl}\right)_m = Fr \qquad (1.2\text{-}2)$$

由于惯性力和重力都是决定流体运动最重要的力,因此这个相似准则也是流体模型实验中最重要的相似准则。

(2)阻力相似准则。

①层流黏滞力相似准则(雷诺相似准则):在原型和模型之间,欲满足黏滞力作用下获得动力相似,则它们的雷诺数应保持同一常数,即

$$\left(\frac{ul}{\nu}\right)_p = \left(\frac{ul}{\nu}\right)_m = Re \qquad (1.2\text{-}3)$$

②紊流阻力相似准则:如果原型和模型均满足紊流阻力作用下的动力相似,则它们的沿程阻力系数 f 或谢才系数 C 相等,即

$$f_p = f_m \qquad (1.2\text{-}4)$$

或

$$C_p = C_m \qquad (1.2\text{-}5)$$

对于一般的工程流体模型,雷诺相似准则并不要求严格满足,只要保证模型与原型是同一流态即可。由于大部分情况下工程流体实验的模型水流都处在紊流的阻力平方区,此时紊流阻力系数只取决于边壁的相对糙率,而与 Re 无关,因此只要使得模型边壁满足糙率比尺 $\lambda_n = \lambda_l^{1/6}$ 的要求,即能达到阻力系数相等,阻力相似也就自动满足了。

(3)压力相似准则(欧拉准则):当原型和模型间满足以压力为主的动力相似时,它们之间的欧拉数必须相等,即

$$\left(\frac{p}{pu^2}\right)_{\mathrm{p}} = \left(\frac{p}{pu^2}\right)_{\mathrm{m}} = Eu \qquad (1.2\text{-}6)$$

式中　p——压强;

　　　Eu——压力相似准数,也称为欧拉数。

与阻力相似准则类似,在几何边界条件相似的基础上,对层流区和阻力平方区的自动模型区,可得到流速场分布的相似,则压力场也能相似,也就是说,此时欧拉准则自动满足。

此外,工程流体模型实验中用到的相似准则还有非恒定流相似准则(斯特鲁哈准则)、表面张力相似准则(韦伯准则)、弹性力相似准则(柯西准则或马赫准则)等(具体表达请查阅相关文献)。这些准则只有在某些特殊的实验条件下才予以采用。例如,只要保证水流运动相似,则非恒定流相似准则便能自动满足。又如,在一般流体模型中,当流体表面流速大于 0.23 m/s,水深大于 1.5 cm 时,表面张力影响可以忽略,因此模型设计时只须控制好这一条件,而不必严格遵守韦伯准则;至于柯西准则或马赫准则,多应用于空气动力学研究中。

利用以上模型实验准则即可进行模型的设计,即确定模型制作与实验所需要的各种相似比尺。

【例 1.2-1】　某一水流模型,如果根据原型大小及实验场地限制确定其几何比尺 $\lambda_l = 100$,根据重力相似准则(弗劳德相似准则)可计算出速度比尺。

$$\lambda_v = \lambda_l^{1/2} = 10$$

则流量比尺　　　　　$\lambda_Q = \lambda_A \lambda_v = \lambda_l^2 \lambda_l^{1/2} = \lambda_l^{5/2} = 100\ 000$

若已知原型流量 $Q = 1\ 000$ m³/s,则可确定模型实验的流量应为 10 L/s。

三、相似理论在流体实验中的应用

相似理论的提出,使得人们在解决工程实际流动问题时,采用比原型观测更为省时省钱的模型实验方法来研究复杂的实际流动问题成为可能。根据相似理论进行流体模型实验的主要步骤可归纳为如下几点:

(1)导出及分析有关相似准则:通过方程分析、量纲分析等方法推导出有关的相似准则后,判断哪些相似准则是主要的,哪些相似准则是次要的,甚至是可以忽略的。如前面介绍的以水流作用为主要研究对象的水流模型中,重力相似和阻力相似是主要的,而反映表面张力相似的韦伯准则等则可以忽略。

(2)根据主要相似准则设计和组织实验:包括选择合理的模型比尺、实验设备及实验条件,选择模型实验中的工作介质,确定运动状态等。

(3)确定实验中要测量的物理量及整理实验结果:实验中应测量各相似准数和无因次因变量所包含的一切物理量,并把测量结果整理成以相似准数或其他无量纲数来表达的实验曲线或函数关系式。

(4)实验结果的换算和推广:根据相似理论,将实验结果按设计的比尺换算到实物系统中去。应该牢记,模型实验的结果只能在相似现象之间应用和推广。

第三章　实验数据记录与处理

一、实验数据的表示方法

将实验数据合理地表示出来是实验很重要的工作,这样便于分析、比较和应用实验数据。常用的实验数据表示方法有列表表示法、图形表示法和数字方程表示法三种。

(一)实验数据的列表表示法

实验数据中一般包括自变量和因变量。列表表示法就是将实验数据中的自变量和因变量的各个数值按一定顺序,例如按自变量增加或减少的顺序,一一对应列出,这样列出的表又称为函数表。

列表表示法的优点是:简便、易于应用和比较,且不需要特殊的仪器;无须求出变量间的函数关系。

在函数表中,一般应标出序号、变量的名称、符号和单位等。

自变量常列在表的第一栏中,并按数值大小顺序排列,相邻两自变量的差称为间距。间距的大小应选择合适,间距过大,使用过多的内插,以致增大了误差;反之,间距过小,则使量测工作量增大。

(二)实验数据的图形表示法

实验数据的图形表示法是根据实验数据作图,用曲线图形将实验数据表示出来。

图形表示法的优点是:直观,变量间的趋势和关系一目了然,可将最大值点、最小值点和临界点等重要特征值在图形上表示出来。

根据实验作图,一般包括以下几个步骤:①选择坐标纸;②确定纵坐标、横坐标比例尺;③标注坐标轴上变量的名称、符号、单位及分度值;④根据实验数据绘出实验点并作出曲线。

1. 选择坐标纸

应根据具体情况选择坐标纸种类。常用的有等分直角坐标纸,它能满足大多数用途。有时为了方便处理非线性变化规律的数据,也采用半对数坐标纸或双对数坐标纸等。

例如,变量间的关系曲线是条直线,则易于作图也便于应用。因此,常将幂函数型曲线(如 $y=ax^b$)和指数函数型曲线(如 $y=ae^{bx}$)的有关数据分别绘在双对数坐标纸或半对数坐标纸上,就会分别得到直线。因此,对于以上两种函数曲线,如选择图纸适当,即可使图形简单易作。水力学中尼古拉兹图采用双对数坐标纸。

2. 确定纵坐标、横坐标比例尺

一般以横坐标轴表示自变量,纵坐标轴表示因变量。坐标轴上的尺度和单位的选择要合理,要使测量数据在坐标图中处于适当的位置,不使数据群落点偏上或偏下,不致使图形细长或扁平。纵坐标、横坐标的比例尺不一定取得一样,应使所画出曲线的坡度尽可能介于 $30°\sim60°$ 为好。

3. 标注坐标轴上变量的名称、符号、单位及分度值

在纵坐标、横坐标轴上，一般需注明变量的名称、符号及单位。在坐标轴上应明确标明分度值，所标数值的位数最好与实验数据的有效位数相同，以便于很快就能从图上读出任一点的坐标值。

4. 根据实验数据绘出实验点并作出曲线

绘实验点时，应力求使其坐标位置准确，并用不同符号区别不同的实验条件和工况。描绘曲线时，需要有足够的数据点，点数太少不能说明参数的变化趋势和对应关系。对于一条直线，一般要求至少有 4 点；一条曲线通常应有 6 点以上才能绘制。当数据的数值变化较大时，该处曲线将出现突折点，在这种情况下，曲线拐弯处所标出的数据点应当多一些，以使曲线弯曲自然，平滑过渡。

图纸上作出数据点后，就可用直尺或曲线板(尺)，按数据点的分布情况确定一直线或曲线。根据实验点作曲线时应使曲线光滑，尽量使曲线通过实验点的平均位置，不能任意外延曲线。不同实验条件或工况的曲线应以不同线型(如实线、虚线)区别。直线或曲线不必全部通过各点，但应尽可能地接近(或贯穿)大多数的实验点，只要使各实验点均匀地分布在直(曲)线两侧邻近即可。

画曲线时，先用淡铅笔轻轻地循各数据点的变动趋势，手描一条曲线。然后用曲线板逐段凑合手描曲线的曲率，作出光滑的曲线。最后根据所得图形或曲线进行计算与处理，以获得所需的实验结果。

在实验过程中，由于各种误差的影响，实验数据将呈离散现象，如果把所有实验点直接连接起来，通常不会得出一条光滑的曲线，而是表现出波动或折线状。这时出现的波动变化规律并不与自变量 x 和因变量 y 的客观特性有关，而是反映了误差的某些规律。如何从一组离散的实验数据中，运用有关的误差理论知识求得一条最佳曲线，称为曲线的拟合。由于在拟合过程中，实际上是抹平或修匀由各种随机因素所引起的曲线波动，将曲线修整为一条光滑均匀的曲线，因而又称为曲线的修匀。

曲线的修匀方法有最小二乘法、分组平均法和残差图法等。用最小二乘法时，工作较繁冗；分组平均法与残差图法则比较简单、实用。

(三)实验数据的数学方程表示法

用一定的数学方法将实验数据进行处理，可得出实验参数的函数关系式，这种关系式也称经验公式。例如，在尼古拉兹实验基础上给出各分区沿程阻力系数的经验公式，所以用数学法表达实验数据的函数关系对研究水流运动规律有十分重要的意义，被普遍应用。当通过实验得出一组数据之后，可用该组数据在坐标纸上粗略地描述下，看其变化趋势是接近直线或是接近曲线。如果接近直线则可认为其函数关系是线性的，就可用线性函数关系式进行拟合，用最小二乘法求出线性函数关系的系数。手工拟合十分麻烦，若将拟合方法编成计算程序，将实验数据输入计算机，就可迅速得到实验结果。

对于非线性关系的数据，可将粗描的曲线与标准图形对照，再确定用何种曲线的关系式进行拟合。当然，曲线拟合要复杂得多。为了简化，在可能的条件下，可通过数学处理将数据转化为线性关系。例如，探讨沿程水头损失和流速的变化关系时，将实验数据在直角坐标纸上描绘时是明显的非线性关系，但在对数坐标纸上描绘时则成为线性关系，可以

用最小二乘法方便地进行处理,也可用计算机进行快速计算。

用函数形式表达实验结果,不仅给微分、积分、外推或内插等运算带来极大的方便,而且便于进行科学讨论和科技交流。随着计算机的普及,用函数形式来表达实验结果已得到普遍应用。

二、经验公式的拟合

根据观测数据绘制的曲线,利用数学方法拟合得到的数学公式就是经验公式。经验公式的建立包括三个步骤:①判定经验公式的函数类型,写出变量间的数学模式,一般依据理论和因次分析建立函数关系式确定或者根据实验数据的特征或曲线形状来判定;②确定经验公式中的待定系数,在统计学上属回归分析,可根据作图或计算结果来确定;③对经验公式的可靠性进行评价。在实用上,可利用常见的计算机软件直接得到拟合公式及相关系数,常见的有 Excel 电子表格、Tecplot 软件、MATLAB 软件等。

(一)一元线性回归

如两变量间的关系呈线性,则为一元线性回归。在水力学模型实验中,一元线性回归问题大量存在,最基本也最广泛,且许多非线性的一元回归问题仍可转化为线性问题来处理。对于两个变量 x 和 y,将实验观测到的 n 组数据 (x_1, y_1),(x_2, y_2),$\cdots$,(x_n, y_n) 点绘在坐标纸上,如果变量之间大致呈线性相关关系,则采用一元线性回归。线性回归方程可用下式表示

$$y = a + bx \tag{1.3-1}$$

式中　a、b——待定常数。

一般按最小二乘法来求一元线性回归方程,并利用相关系数法对方程进行检验。

(二)一元非线性回归

若两变量之间的回归关系是非线性的,这种回归关系称为一元非线性回归。建立一元非线性回归曲线方程的步骤是:①确定回归曲线的类型,一般根据理论推导或以往实际经验或样本实验数据的散点图的形状来选择,常用的曲线类型有指数函数曲线、幂函数曲线、对数函数曲线和双曲函数曲线等,在许多情况下,可以通过变量代换转化为线性回归;②确定回归方程中的回归系数。

1. 指数函数曲线

指数函数为

$$y = ae^{bx} \quad (a > 0) \tag{1.3-2}$$

设

$$Y = \ln y$$

则

$$Y = \ln a + bx \tag{1.3-3}$$

由此可知,(x, y) 点绘在单对数坐标纸上的散点图成一直线,作线性回归确定参数 $\ln a$ 和 b,再代回 $Y = \ln y$,即可求得 y 与 x 的回归指数方程。

2. 幂函数曲线

幂函数为

$$y = ax^b \quad (a > 0) \tag{1.3-4}$$

显然,(x, y) 点绘在双对数坐标纸上的散点图成一直线,从而可用线性回归法求出系数 $\lg a$ 及 b,再利用坐标变换关系,求得 x 与 y 的幂函数回归方程。

3. 对数函数曲线

对数函数为

$$y = a + b\lg x \tag{1.3-5}$$

令 $X = \lg x$，$Y = y$，则

$$Y = a + bx \tag{1.3-6}$$

4. 双曲函数曲线

双曲函数为

$$\frac{1}{y} = a + \frac{b}{x} \tag{1.3-7}$$

令 $X = \dfrac{1}{x}$，$Y = \dfrac{1}{y}$，即得

$$Y = a + bX \tag{1.3-8}$$

（三）其他类型的公式拟合

当实验数据点绘为复杂的曲线类型时，难以用上述常见的曲线类型拟合，可以采用多项式回归。当涉及的影响因素很复杂，与某一现象或某变量有关的变量不只是一个，而是有多个时，确定变量 y 和自变量 $x_1, x_2, \cdots, x_n$ 间的定量关系的问题，称为多元回归问题。多元回归问题中有线性的，也有非线性的，在此不再赘述，可参阅其他数理统计的专著。

三、有效数字的修约与运算规则

在实验中对量测得到的数据进行处理时，对被测的量用几位数字来表示其大小是一件很重要的事情。认为在一个数值中小数点后面的位数越多就越准确的看法是不全面的。小数点后面的位数仅与所采用的单位大小有关，小数点的位置并不是决定准确度的标准。因此，在量测与计算的实践中，关于数字位数的取法，应有一个标准，这就是取舍有效数字的规则。

（一）有效数字的判定

一般来说，量测结果的准确度绝对不能超过仪器所分辨的范围。用普通水银温度计量测大气温度，因为刻度是以摄氏度（℃）为单位的，人们的视觉再好也只能估计到下一位数，如 14.3 ℃，如果读出 14.33 ℃，那也是不科学的。因此，水银温度计的有效数字是三位。量测一个物理量，其读数的有效数字位数应根据仪表的分辨度来定出，一般应保留一位可疑数字，即以仪表最小分格的 1/10 来估定。此处还应该强调"0"这个数在有效数字中的作用，如水银温度计读数正停在 14 ℃上时，应记为 14.0 ℃，即此时的温度可能是 13.9 ℃，也可能是 14.1 ℃，当然也可能是 14 ℃；如果将此时的温度只记为 14 ℃，那就意味着此时的温度可能是 13 ℃，也可能是 15 ℃。可见这两种表示方法的意义是完全不同的。也有另外一种情况，如某工件的长度为 0.003 20 m，它的实际意义是 3.20 mm，有效数字是三位，如必须以米为度量单位，则应写成 3.20×10^{-3} m，有效数字仍为三位。在 0.003 20 m 的表示中，小数点后面增加了两个"0"，并不能改变有效数字的位数。通常在这种情况下，采用 3.20 mm 或 3.20×10^{-3} m 两种写法。

因此，在确定有效数字时，必须注意"0"这个符号。紧接着小数点后的"0"仅用来确

定小数点的位置,不算有效数字。例如,在数字 0.000 13 中,小数点后的三个"0"都不是有效数字,而 0.130 中小数点后的"0"是有效数字。对于整数,例如数字 250 中的"0"就难以判断是不是有效数字了。因此,为了明确表明有效数字,常用指数标记法,可将数字 250 写成 2.5×10^2。

(二)有效数字运算规则

从直接量测取得读数以后,还需进行各种运算,运算时应遵循下列法则:

(1)记录量测数值时,只保留一位可疑数字。

(2)一般在表示可疑数字的末位上有±1 或±2 单位的误差(视量测仪器的最小读数而定)。

(3)有效数字位数确定以后,其余数字一律采用"四舍六入五留双"的法则合并。当末位有效数字后面的一位数正好等于"5"时,如前一位是奇数, 则应进一位;如前一位为偶数,则可直接舍弃不计。例如 27.024 9,取四位有效数字时应写为 27.02,取五位有效数字则为 27.025,但将 27.025 与 27.035 分别取四位有效数字时,则应分别写为 27.02 和 27.04。

(4)书写不带误差的任一数字时 ,由左起第一个不为零的数到最后一个数为止都是有效数字,如常数 π、e 及 $\sqrt{2}$ 等的有效数字,需要几位就可以写几位。

由于上述法则而引起的误差称为舍入误差,也叫凑整误差。上述第三条法则使末位成为偶数,不只便于进一步计算,而且可使凑整误差成为随机误差。

(5)在进行加减运算时,应将各数的小数点对齐,以小数位数最少的数为准,其余各数均凑整成比该数多一位。例如:

$$60.4+2.02+0.222+0.0467$$

应写成为

$$60.4+2.02+0.22+0.05=62.69$$

但在做减法时,若相减的数非常接近,则应尽量多保留有效数字,或量测方法上加以改进,使之不出现两个接近的数相减的情况。

(6)在乘除法运算中,各数保留的位数,以有效数字位数最少的为标准,其积或商的有效数字也依此为准。例如:

$$Y = 0.012 1 \times 25.64 \times 1.057 82$$

其中,0.012 1 有效数字位数最少,为三位,所以 25.64 和 1.057 82 一律取为三位有效数字,故

$$y = 0.012 1 \times 25.6 \times 1.06 = 0.328$$

(7)在对数运算中,所取对数值有效位数应与真数的有效位数相等。例如:lg2.345 = 0.370 1,lg2.345 6 = 0.370 25。

(8)计算平均数,若为四个或超过四个数相平均,则平均值的有效数字位数可增加一位。

(9)乘方或开方运算时,起算结果要比原数据多保留一位有效数字。例如:$25^2 = 625$, $\sqrt{4.8} = 2.19$。

(10)表示精确度(误差)时,一般只取一至两位有效数字。

四、可疑实验数据的剔除

在一组条件完全相同的重复实验中,个别的量测结果可能会出现异常。如量测值过大或过小,这些过大或过小的量测数据都是不正常的,称为可疑数据。对于可疑数据应采用数理统计的方法判别真伪,并决定取舍。常用的方法有拉依达法、肖维纳特法和格拉布斯法等。

(一)拉依达法

当实验次数较多时,可简单地用 3 倍标准偏差 σ 作为确定可疑数据取舍的标准。当某一量测数据 x_i 与其量测结果的算术平均值 $\bar{x}$ 之差大于 3 倍标准偏差时,则该量测数据应舍弃,即

$$|x_i - \bar{x}| > 3\sigma \tag{1.3-9}$$

理由如下:根据随机变量的正态分布规律,$|x_i - \bar{x}| \leqslant 3\sigma$ 的概率为 99.73%,出现在此范围之外的概率仅为 0.27%,可能性很小,几乎是不可能。因此在实验中,一旦出现,就认为该实验数据是不可靠的,应将其舍弃。拉依达法简单,无须查表,当测量次数较多或要求不高时,使用比较方便。

(二)肖维纳特法

肖维纳特法判别数据可以舍弃的标准为

$$\frac{|x_i - \bar{x}|}{\sigma} \geqslant k_n \tag{1.3-10}$$

式中　k_n——肖维纳特法系数,与实验次数有关,可由表 1.3-1 查取。

表 1.3-1　肖维纳特法系数

n	k_n	n	k_n
3	1.38	18	2.20
4	1.53	19	2.22
5	1.65	20	2.24
6	1.73	21	2.26
7	1.80	22	2.28
8	1.86	23	2.30
9	1.92	24	2.31
10	1.96	25	2.33
11	2.00	26	2.39
12	2.03	40	2.49
13	2.07	50	2.58
14	2.10	75	2.71
15	2.13	100	2.81
16	2.15	200	3.02
17	2.17	500	3.20

肖维纳特法改善了拉依达法,但从理论上讲,当 $n\to\infty$, $k_n\to\infty$ 时,所有异常值都无法舍弃。

(三)格拉布斯法

在一组测量数据中,按其从小到大的顺序排列,最大项 x_{max} 和最小项 x_{min} 最有可能为可疑数据。为此,根据顺序统计原则,给出标准化顺序统计量 g,即

当最小值 x_{min} 可疑时,则

$$\frac{\overline{x} - x_{min}}{\sigma} = g \tag{1.3-11}$$

当最大值 x_{max} 可疑时,则

$$\frac{x_{max} - \overline{x}}{\sigma} = g \tag{1.3-12}$$

根据格拉布斯统计量的分布,在指定的显著水平 β(一般取 0.05)下,求得判别可疑值的临界值 $g_0(\beta, n)$。格拉布斯法的判别标准为

$$g \geqslant g_0(\beta, n) \tag{1.3-13}$$

当满足上式时,该量测值应予以舍去。格拉布斯系数 $g_0(\beta, n)$ 列于表 1.3-2 中。

表 1.3-2　格拉布斯系数 $g_0(\beta, n)$

n	$g_0(\beta, n)$	n	$g_0(\beta, n)$
3	1.15	17	2.47
4	1.46	18	2.50
5	1.67	19	2.53
6	1.82	20	2.56
7	1.94	21	2.58
8	2.03	22	2.60
9	2.11	23	2.62
10	2.08	24	2.64
11	2.24	25	2.66
12	2.29	30	2.74
13	2.33	35	2.81
14	2.37	40	2.87
15	2.41	50	2.96
16	2.44	100	3.17

利用格拉布斯法每次只能舍弃一个可疑值,若有两个以上的可疑数据,应该一个一个数据舍弃。舍弃第一个数据后,实验次数减小为 $n-1$,以此为基础再判断第二个可疑数据。

第二篇　水力学基本实验

第一章　静水压强实验

一、实验目的

(1)加深重力作用下水静力学基本方程的物理意义和几何意义的理解。

(2)学习使用测压管测量静水压强的方法。

(3)观察在重力作用下静止液体中任意一点的位置水头 z、压强水头 $\dfrac{p}{\gamma}$ 和测压管水头 $z+\dfrac{p}{\gamma}$,验证不可压缩静止液体水静力学的基本方程。

(4)巩固绝对压强、相对压强和真空压强的概念。

(5)学习测量液体容重的方法。

(6)观察在重力作用下,静止液体中任意两点的位置水头 z、压强水头 $\dfrac{p}{\gamma}$ 和测压管水头 $z+\dfrac{p}{\gamma}$,验证水静力学基本方程。

(7)量测当 $p_0=p_a$、$p_0>p_a$、$p_0<p_a$(p_0 为表面压强,p_a 为大气压强)时静水中某一点的压强,分析各测压管水头的变化规律,加深对绝对压强、相对压强、表面压强、真空压强的理解。

(8)测量其他液体的容重(设水的容重为已知)。

二、实验原理

水静力学讨论静水压强的特性、分布规律及如何根据静水压强的分布规律来确定静水总压力等问题。

(一)静水压强的特性

流体静止时不承受切应力,一旦受到切应力就产生变形,这就是流体的定义。从这个定义出发,可以认为在静止的液体内部,所有的应力都是正交应力。因此,静水压强具有以下两个特性:

(1)静水压强的方向与受压面垂直并指向受压面。

（2）任意一点静水压强的大小和受压面的方向无关，或者说作用于同一点上的各个方向的静水压强大小相等。

（二）静水压强的基本方程

在重力作用下，处于静止状态不可压缩的均质液体，其基本方程为

$$z + \frac{p}{\gamma} = C（常数）\tag{2.1-1}$$

式中　z——单位质量液体相对于基准面的位置高度，或称位置水头；

p——静止液体中任意一点的压强；

γ——液体的容重，$\gamma = \rho g$；

$\dfrac{p}{\gamma}$——单位质量液体的压能，或称压强水头；

$z + \dfrac{p}{\gamma}$——测压管水头。

式（2.1-1）的物理意义：静止液体中任意一点的单位位能和单位压能之和是一个常数。

式（2.1-1）的几何意义：静止液体中任意一点的位置高度 z 与压强水头 $\dfrac{p}{\gamma}$ 之和为一常数，即测压管水头相平。

静水压强的基本方程也可以写为

$$p = p_0 + \gamma h\tag{2.1-2}$$

式中　p_0——作用在液体表面上的压强；

h——由液面到液体中任意一点的深度。

由此可得，在静止液体内部某一点的静水压强等于表面压强加上液体容重乘以该点在自由液面以下的垂直深度。

式（2.1-2）说明，在静止液体中，任意一点的静水压强 p，等于表面压强 p_0 加上该点在液面下的深度 h 与液体容重 γ 的乘积。表面压强遵守巴斯加原理，等值地传递到液体内部所有各点上，所以当表面压强 p_0 一定时，由式（2.1-2）可知，静止液体中某一点的静水压强 p 与该点在液面下的深度 h 成正比。

如果作用在液面上的表面压强是大气压强 p_a，则式（2.1-2）可写为

$$p = p_a + \gamma h\tag{2.1-3}$$

式（2.1-3）说明，当作用在液面上的表面压强为大气压强时，其静水压强等于大气压强 p_a 加上液体容重 γ 与水深 h 的乘积。这样所表示的一点压强叫作绝对压强（当液面上的表面压强不等于大气压强时，以 p_0 表示）。绝对压强是以没有气体存在的绝对真空为零来计算的压强。以当地大气压强为零来计算的压强称为相对压强，可以表示为

$$p = \gamma h\tag{2.1-4}$$

相对压强也叫表压强，所以表压强是以大气压强为基准算起的压强，它表示一点的静水压强超过大气压强的数值。

如果某点的静水压强小于大气压强，就说"这点具有真空"。其真空压强 p_v 的大小以

大气压强和绝对压强之差来量度,即

$$p_v = 大气压强 - 绝对压强 \qquad (2.1\text{-}5)$$

当某点发生真空时,其相对压强必然为负,因此真空又称为负压,真空度也就等于相对压强的绝对值。

三、实验设备和仪器

静水压强实验仪如图 2.1-1 所示。

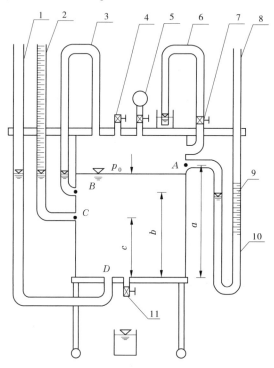

1—测压管;2—带标尺测压管;3—连通管;4—通气阀;5—加压打气球;6—真空测压管;
7—截止阀;8—U 形测压管;9—油柱;10—水柱;11—减压放水阀。

图 2.1-1　静水压强实验仪

装置说明具体如下:

(1)流体测点的静水压强的测量仪器——测压管。流体的流动要素有压强、水位、流速、流量等。压强的测量方法有机械式测量方法与电测法,测量的仪器有静态与动态之分。测量流体测点压强的测压管属机械式静态测量仪器。测压管是一端连通于流体被测点,另一端开口于大气的透明管,适用于测量流体测点的静态低压范围的相对压强,测量精度为 1 mm。测压管分直形管和 U 形管。直形管如图 2.1-1 中管 2 所示,其测点压强 $p = \rho g h$,h 为测压管液面至测点的竖直高度。U 形管如图 2.1-1 中管 1 与管 8 所示。直形管要求液体测点的绝对压强大于当地大气压,否则因气体流入测点而无法测压。U 形管可测量液体测点的负压,如管 1 当测压管液面低于测点时的情况;U 形管还可测量气体的点压强,如图 2.1-1 管 8 所示。一般 U 形管中为单一液体(本装置因其他实验需要在管

8 中装有油和水两种液体),测点气压为 $p = \rho g \Delta h$,Δh 为 U 形管两液面的高度差,当管中接触大气的自由液面高于另一液面时,Δh 为"+";反之,Δh 为"-"。由于受毛细管影响,测压管内径应大于 10 mm。本装置采用毛细现象弱于玻璃管的透明有机玻璃管作为测压管,内径为 8 mm,毛细高度仅为 1 mm 左右。

(2)恒定液位测量仪器——连通管。测量液体恒定水位的连通管属机械式静态测量仪器。连通管是一端连接于被测液体,另一端开口于被测液体表面空腔的透明管,如图 2.1-1 中管 3 所示。对于敞口容器中的测压管也是测量液位的连通管。连通管中的液体直接显示了容器中的液位,用 mm 刻度标尺即可测读水位值。本装置中连通管与各测压管同为等径透明有机玻璃管。液位测量精度为 1 mm。

(3)所有测管液面标高均以带标尺测压管 2 的零点高程为基准。

(4)测点 B、C、D 位置高程的标尺读数值分别以 ∇_B、∇_C、∇_D 表示,若同时取标尺零点作为静力学基本方程的基准,则 ∇_B、∇_C、∇_D 亦为 z_B、z_C、z_D。

(5)本仪器中所有阀门旋柄均以顺管轴线为开。

四、实验步骤

(一)测压管和连通管判定

按测压管和连通管的定义,实验装置中管 1、2、6、8 都是测压管。当通气阀关闭时,管 3 无自由液面,是连通管。

(二)测压管高度、压强水头、位置水头和测压管水头判定

测点的测压管高度即为压强水头 $\frac{p}{\rho g}$,不随基准面的选择而变,位置水头 z 和测压管水头 $z + \frac{p}{\rho g}$ 随基准面选择而变。

(三)观察测压管水头线

测压管液面的连线就是测压管水头线。打开通气阀 4,此时 $p_0 = 0$,那么管 1、2、3 均为测压管,从这三管液面的连线可以看出,对于同一静止液体,测管水头线是一根水平线。

(四)判别等压面

关闭通气阀 4,打开截止阀 7,用加压打气球稍加压,使 $\frac{p_0}{\rho g}$ 为 0.02 m 左右,判别下列几个平面是不是等压面:

(1)过 C 点作一水平面,相对管 1、2、8 及水箱中液体而言,这个水平面是不是等压面?

(2)过 U 形管 8 中的油水分界面作一水平面,对管 8 中的液体而言,这个水平面是不是等压面?

(3)过管 6 中的液面作一水平面,对管 6 中液体和方盒中液体而言,该水平面是不是等压强?

根据等压面判别条件:质量力只有重力、静止、连续、均质、同一水平面。可判定上述(2)、(3)是等压面。在上述(1)中,相对管 1、2 及水箱中液体而言,它是等压面,但相对管 8 中的水或油来讲,它都不是同一等压面。

(五)观察真空现象

打开减压放水阀 11 减低箱内压强,使测压管 2 的液面低于水箱液面,这时箱体内 $p_0<0$,再打开截止阀 7,在大气压力作用下,管 6 中的液面就会升到一定高度,说明箱体内出现了真空区域(负压区域)。

(六)观察负压下管 6 中的液位变化

关闭通气阀 4,开启截止阀 7 和减压放水阀 11,待空气自管 2 进入圆筒后,观察管 6 中的液面变化。

五、数据处理和结果分析

(一)记录有关信息及实验常数

实验设备名称:＿＿＿＿＿＿＿＿＿＿   实验台号:＿＿＿＿＿＿

实验者:＿＿＿＿＿＿＿＿＿＿   实验日期:＿＿＿＿＿＿

各测点高程为:$\nabla_B=$ ＿＿ $\times10^{-2}$ m,$\nabla_C=$ ＿＿ 10^{-2} m,$\nabla_D=$ ＿＿ $\times10^{-2}$ m。

基准面选在 ＿＿＿＿＿ $z_C=$ ＿＿ $\times10^{-2}$ m,$z_D=$ ＿＿ $\times10^{-2}$ m。

(二)实验数据记录及计算结果(参考第三篇的实验报告表)

(三)实验结果分析

(1)回答定性分析实验中的有关问题。

(2)由测量计算的 $z_C+\dfrac{p_C}{\rho g}$、$z_D+\dfrac{p_D}{\rho g}$,验证流体静力学基本方程。

六、注意事项

(1)用打气球加压、减压需缓慢,以防液体溢出及油柱吸附在管壁上;打气后务必关闭打气球下端阀门,以防漏气。

(2)真空实验时,放出的水应通过水箱顶部的漏斗倒回水箱中。

(3)在实验过程中,装置的气密性要求保持良好。

(4)读取测压管数据时,视线必须和液面同在一个水平面上,避免发生误差。容器的密闭性能要保持良好状态,实验时仪器底座要水平。

七、思考题

(1)相对压强与绝对压强、相对压强与真空压强之间有什么关系?测压管能测量何种压强?

(2)测压管太细,对测压管液面读数会造成什么影响?

(3)本仪器测压管内径为 8 mm,圆筒内径为 20 mm,仪器在加气增压后,水箱液面将下降 δ 而测压管液面将升高 H,实验时,若近似以 $p_0=0$ 时的水箱液面读数作为加压后的水箱液位值,那么测量误差 $\dfrac{\delta}{H}$ 为多少?

(4)测压管高度与测压管水头之间的关系如何?

第二章　流速测量(毕托管)实验

一、实验目的

(1)通过对管嘴淹没出流点流速及流速系数的测量,掌握比托管测点流速的方法。

(2)通过了解毕托管构造、测流原理和适用范围,检验其测量精度,进一步明确毕托管的实际作用。

(3)绘制流速分布图,加深对明渠水流流速分布的认识。

(4)由流速分布图计算断面平均流速。

二、实验原理

毕托管是一种测量液体流速的仪器,是由亨利·毕托(Henri Pitot)在1730年发明的,所以称为毕托管。如图2.2-1所示,要测量明渠水流中某一点A的流速时,可以取一个与A非常接近的B点,在B点安装一根细弯管,又称动压管。弯管的一端正对来水方向,且置在B点处,另一端垂直向上,当水流进入B点时,由于弯管的阻滞作用使得流速为零,动能全部转化为压能,使得动压管中的液面上升至高度$\frac{p_B}{\gamma}$,B点称为驻点或滞止点。另外,在B点的上游同一水平流线上相距很近的A点处安装一根测压管,设A点的流速为u,测压管的高度为$\frac{p_A}{\gamma}$,由于A和B之间的距离很接近,所以水头损失可以忽略不计,根据能量方程得

$$\frac{p_A}{\gamma} + \frac{u^2}{2g} = \frac{p_B}{\gamma} \qquad (2.2\text{-}1)$$

可以得出$\Delta h = \frac{p_B}{\gamma} - \frac{p_A}{\gamma}$,代入式(2.2-1)可以得到,$A$点的流速为

$$u = \sqrt{2g\Delta h} \qquad (2.2\text{-}2)$$

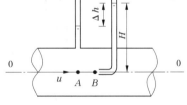

图2.2-1　毕托管测速原理

根据这个原理,可以将测压管和动压管组合成一种测量流速的仪器,这就是毕托管。毕托管是一根细的弯管,其前面开有小孔,侧面开一小孔,前面和侧面的孔均连接两个细管,再接到测压管上。当需要测量液体中某一点的流速时,将弯管前端置于该点,并正对来水方向,测量时测出动压管的液面差Δh,即可由式(2.2-2)测得。

毕托管测流速的物理意义明确,操作方法简单,因此也是实验室测量流速的基本仪器。但是,缺点是毕托管放入水流中对流场有干扰作用,毕托管和测压管之间的进口也有

一定距离,有水头损失。所以,在测流速时,需加入校正系数 c,可将上述公式修正为

$$u = c\sqrt{2g\Delta h} = k\sqrt{\Delta h} \tag{2.2-3}$$

即

$$k = c\sqrt{2g} \tag{2.2-4}$$

式中,c 为毕托管流速校正系数,与毕托管的构造、尺寸、表面光洁度等有关,一般取值为 $0.98\sim1.0$。

另外,对管嘴淹没出流,管嘴作用水头 ΔH、测点处流速系数 φ' 与测点处点流速 u 之间又存在如下关系:

$$u = \varphi'\sqrt{2g\Delta H} \tag{2.2-5}$$

联解得

$$\varphi' = c\sqrt{\Delta h/\Delta H} \tag{2.2-6}$$

三、实验设备

本实验设备如图 2.2-2 所示。经过淹没管嘴 6,将高低水箱中水位差的位能转换为动能,并用毕托管测出该点的流速。测压计 10 中的测压管①、②用来测量高低水箱的位置水头,测压管③、④用来测量毕托管的全压水头和静压水头,水位调节阀 4 用来改变测点的流速大小。

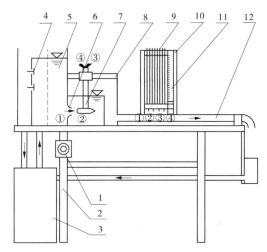

1—可控硅无级调速器;2—实验台;3—自循环供水器;4—水位调节阀;5—恒压水箱;
6—管嘴;7—毕托管;8—尾水箱;9—测压管;10—测压计;11—滑动测量尺;12—上回水管。

图 2.2-2 毕托管测速实验装置

四、实验步骤

(1)实验准备:熟悉实验装置的各部分名称、作用性能,分解毕托管,搞清楚结构及实验原理。用软管将上、下游水箱的测点分别与测压计中的测压管①、②相连通。将毕托管对准管嘴,距离管嘴出口处 $2\sim3$ cm,上紧固定螺丝。

(2)开启水泵:顺时针打开调速器开关 1,将流量调节至最大。

（3）排气：待上、下游溢流后，用吸气球放在测压管口进行抽吸，排除毕托管及各连通管中的气体，可用静水箱罩住毕托管，检查测压计的液面是否齐平，液面不齐平时要进行重新排气。

（4）测量并记录相关常数及实验参数，填入表格。

（5）改变流速，用水位调节阀4进行流速调节，使溢流适中，共可以获得三个不同恒定水位与相应的流速。改变流速后，按照上述方法重复测量。

（6）分别沿着垂向和纵向改变测定的位置，观察管嘴淹没射流的流速分布。在有压管道测量中，管道的直径相对毕托管的直径在6~10倍以内，误差在5%以上，不宜使用。试将毕托管头部伸入到管嘴中，进行验证。

（7）实验结束，按照步骤（3）检查测压计是否齐平。

（8）清空实验装置中的水，并关闭实验设备。

五、数据处理和结果分析

（一）记录有关信息及实验常数

实验设备名称：＿＿＿＿＿＿＿＿＿＿＿＿＿＿　　实验台号：＿＿＿＿＿＿＿

实验者：＿＿＿＿＿＿＿＿＿＿＿＿＿＿＿＿　　实验日期：＿＿＿＿＿＿＿

管径 $d_1=$ ＿＿＿ $\times10^{-2}$ m；

水箱液面高程 $\nabla_0=$ ＿＿＿ $\times10^{-2}$ m；管道轴线高程 $\nabla_z=$ ＿＿＿ $\times10^{-2}$ m。

校正系数 $c=$ ＿＿＿，$k=$ ＿＿＿ cm$^{0.5}$/s。

（二）实验数据记录及计算结果

表 2.2-1　实验数据记录及计算结果

实验次序	上、下游水位差/cm			毕托管水头差/cm			测点流速 $u=k\sqrt{\Delta h}$ /(cm/s)	测点流速系数 $\varphi'=c\sqrt{\dfrac{\Delta h}{\Delta H}}$
	h_1	h_2	ΔH	h_3	h_4	Δh		

（三）实验结果分析

（1）测定管嘴出流点流速系数，计算取均值可得。

（2）自行设计标定毕托管校正系数 c 的实验方案，并通过实验校验 c 值。

六、注意事项

（1）实验前，必须先对毕托管的测压管进行排气。

（2）移动毕托管时，要先松动固定螺丝，再移动毕托管。

（3）实验过程中，为了防止进气，毕托管不得露出水面；否则，要重新排气。

（4）实验结束后，用静水匣罩住毕托管，检查是否进气。若测压计液面没有齐平，说明所测的实验数据有误差，应该重新冲水进行排气并重新测量。

（5）毕托管流速要对准来水方向；否则，测量的流速不是管嘴水流的流速，而是其分量。

七、思考题

（1）利用测压管测量点的压强时，为什么要进行排气？怎样检查是否排干净？

（2）毕托管的动压水头和管嘴的上、下游水位差 ΔH 之间的关系怎样？

（3）为什么在光、电等测速技术广泛应用的今天依然保留着毕托管这一传统的流体测速仪器？

第三章　管流流态实验(雷诺实验)

一、实验目的

(1)观察水流层流和紊流运动现象。

(2)学习测量圆管中雷诺数的方法。

(3)在双对数纸上点绘沿程水头损失 h_f 与雷诺数 Re 的关系曲线,求出下临界雷诺数。

(4)对实验结果进行分析,证实层流和紊流两种流动型态下沿程水头损失随流速变化规律的不同。

二、实验原理

实际水流运动中存在着两种不同的流动型态:层流和紊流。当流速较小时,质点运动惯性较小,黏滞力起主导作用,液体的质点有条不紊地按平行的轨迹运动,并保持一定的相对位置,这种流动型态叫作层流,如图 2.3-1(a)所示。当流速较大时,和惯性力相比较,黏滞力居次要地位,惯性力起主导作用,液体的质点将是杂乱无章的运动,质点互相碰撞、混掺,产生漩涡等,这种流动型态叫作紊流,如图 2.3-1(c)所示。介于两者之间的是过渡状态流动,如图 2.3-1(b)所示。

1885 年,雷诺曾用实验揭示了实际液体运动中层流和紊流的不同本质,还证实了层流和紊流沿程水头损失规律的不同,如图 2.3-2 所示。从图 2.3-2 可见,层流时,水头损失 h_f 与流速 v 的一次方成比例;紊流时,h_f 与 v^n 成比例,指数 $n = 1.75 \sim 2$,对光滑管 $n = 1.75$,对粗糙管 $n = 2$。由此可见,要确定水头损失必须先确定流动型态。

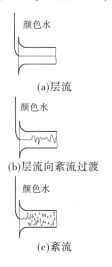

图 2.3-1　雷诺实验现象

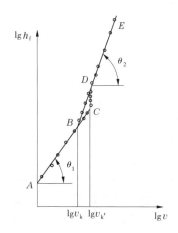

图 2.3-2　雷诺实验 h_f 与 v 关系曲线

在实验圆管上取断面 1—1 及断面 2—2,安装测压管,如图 2.3-3 所示,即可测出这两个断面间的沿程水头损失。由能量方程可得

$$z_1 + \frac{p_1}{\gamma} + \frac{\alpha_1 v_1^2}{2g} = z_2 + \frac{p_2}{\gamma} + \frac{\alpha_2 v_2^2}{2g} + h_f \tag{2.3-1}$$

式中,$v_1 = v_2$,取 $\alpha_1 = \alpha_2$,则

$$h_f = \left(z_1 + \frac{p_1}{\gamma}\right) - \left(z_2 + \frac{p_2}{\gamma}\right) \tag{2.3-2}$$

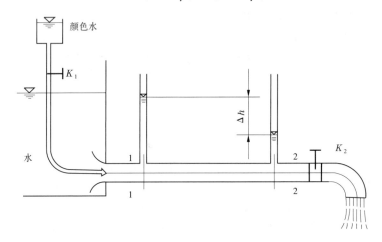

图 2.3-3　雷诺实验装置示意

由式(2.3-2)可以看出,断面 1—1 和断面 2—2 两根测压管的水头差即为沿程水头损失。

由于流态不同,水头损失的变化规律也不同,因此在计算水头损失时,必须判别液流的型态。

雷诺实验的结果发现临界流速与液体的物理性质(密度 ρ、动力黏滞系数 μ)及管径 d 都有密切关系,并提出一个表征流动型态的无量纲数——雷诺数 Re,即

$$Re = \frac{\rho v d}{\mu} = \frac{v d}{\nu} \tag{2.3-3}$$

$$\nu = \frac{0.017\,75}{1 + 0.033\,7t + 0.000\,221t^2} \quad (\text{cm}^2/\text{s}) \tag{2.3-4}$$

式中　Re——雷诺数,是一个无量纲数;

　　　　v——断面平均流速;

　　　　ν——运动黏滞系数;

　　　　t——水温,℃。

液流型态开始转变时的雷诺数叫作临界雷诺数。但实际由层流向紊流过渡和由紊流向层流过渡时的雷诺数是不同的,如图 2.3-2 所示。前者称为上临界雷诺数,后者称为下临界雷诺数。大量的实验证明,圆管中液流的下临界雷诺数是一个比较稳定的数值,即

$$Re_k = \frac{v_k d}{\nu} \approx 2\,000 \tag{2.3-5}$$

上临界雷诺数 $Re_k' = 12\,000 \sim 2\,000$，或更大，变化范围很大，数值很不稳定。因此，把下临界雷诺数 Re_k 作为判别液流型态的标准。当实际水流的雷诺数大于 Re_k 时就是紊流，小于 Re_k 时就是层流。对明渠水流，$Re_k \approx 500$。

紊流形成过程的分析：从紊流内部结构看，充满了大小不等的涡体相互混掺。涡体的形成是液体黏滞性和外界干扰共同作用的结果。考察处于层流状态的任一流层，其上、下承受的黏滞切应力总是反向的，构成力偶使流层发生旋转的倾向。当边壁凸凹不平、外界有微小干扰时，使流层局部性波动。由伯努利方程可知：在流线的波峰上部流线被挤压，流速增大，相应压强减少；波峰下部因流线扩散，流速减少而使压强增大。流线的波谷处，情况则与之相反。于是在该流层各段便出现了方向不同、成对作用的横向压力 F。这种横向压力使流线进一步扭曲，波峰更凸、波谷更凹。在横向压力和切应力共同作用下，波峰与波谷扭曲重叠形成自身旋转的涡体。涡体形成后，旋转方向和流速方向一致的一侧，流速增大、压强减小；而相反的一侧，则流速减小、压强增大，在涡体上、下两侧产生压差升力。这种升力使涡体具有了进入其他流层混掺的可能。同时，涡体还受到水流黏性的控制。一旦升力大于黏滞力涡体混掺，则形成紊流。从力学角度看，涡体的升力取决于水流和涡体旋转的速度，因此可用水流（或涡体）的惯性力表征；而流层内的阻抗作用则可以用水流的黏滞力表征。流速越大，惯性力越强，涡体才能挣脱本流层的约束，进入邻层混掺。流速小，水流惯性力就弱，相对增强的黏滞力控制涡体留在原流层层流。由此可见，惯性力是使水流保持和强化小扰动，促使其进一步发展成为紊流的动力；而黏滞力则是抑制扰动，起着促使水流趋于稳定、保持层流状态的作用。因此，水流的流态，实质是水流惯性力和黏滞力作用处于一定对比关系时的表现。

三、实验设备和仪器

实验装置如图 2.3-4 所示。实验设备为自循环试验系统，包括水泵、供水箱、稳水箱等直径的压力管道、调节阀、接水盒、回水盒、量筒、测压计、钢尺和秒表。用有色液体通过针管流入管道来显示流动型态。

四、实验方法和步骤

（一）观察两种水流流态

（1）开启水泵电源开关向水箱注水，使水箱保持稳定溢流，水位恒定。

（2）打开流量调节阀到最大，排除实验管道中的气泡。关闭流量调节阀，排出压差计中的气泡。

（3）微开流量调节阀，待水流稳定后，打开有颜色的液体出水阀门，使颜色液体流入管中。调节流量调节阀，当颜色液体在实验管道中呈现出一条直线，此时为层流。用体积法测定管中的流量。

（4）逐渐开大流量调节阀，观察颜色液体的变化，在某一个开度时，颜色液体由直线变得弯曲、动荡，并呈现出波状，此时流态由层流向紊流过渡。用体积法测定管中的流量。

（5）继续开大流量调节阀，观察颜色液体的变化，由波状逐渐变成断断续续并逐渐扩

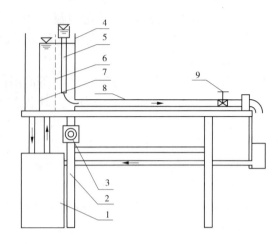

1—自循环供水器;2—实验台;3—水泵电源;4—恒压水箱;5—有色水管;
6—稳水孔板;7—溢流板;8—实验水管;9—流量调节阀。

图 2.3-4　雷诺实验的仪器设备

散,当微小涡体扩散到整个水管中时,管中的流态为紊流状态。用体积法测定管中的流量。

(6)以相反程序,即流量调节阀开度由大逐渐关小,再观察管中流态的变化现象。用体积法测定管中的流量。

(二)测定下临界雷诺数

(1)将流量调节阀打开,使管中呈现出完全紊流,再逐渐关小流量调节阀,使得流量减小。当流量调节到使颜色液体在全管中呈现出一条稳定的直线时,即为下临界状态。

(2)待管中出现下临界状态时,用体积法测得流量,并计算流速。

(3)根据所测得的流量计算下临界雷诺数,并与 2 300 进行比较,偏离过大,需要重新测量。

(4)重新打开流量调节阀,使其完全形成紊流,按照上述步骤重复测量不少于 3 次。

(5)同时用恒压水箱中的温度计测量并记录水的温度,查表计算出水的运动黏滞系数。

(三)测定上临界雷诺数

逐渐开启流量调节阀,使管中水流从层流过渡到紊流,当颜色液体开始扩散时,即为上临界状态,测定上临界雷诺数 1~2 次。实验结束前,需要关紧颜色液体阀门,然后关闭水泵电源。

五、数据处理和结果分析

(一)记录有关信息及实验常数

实验设备名称:＿＿＿＿＿＿＿＿　　　实验台号:＿＿＿＿＿＿

实验者:＿＿＿＿＿＿＿＿＿＿　　　实验日期:＿＿＿＿＿＿

已知数据:管道直径 $d=$ 　　cm;管道断面面积 $A=$ 　　cm;水温 $t=$ 　　℃;
斜比压计夹角 $\alpha=$ 　　°;水的运动黏滞系数 $\nu=$ 　　cm²/s。

(二)实验数据及计算结果

实验数据及计算结果

测次	L_1/cm	L_2/cm	差压 $\Delta h/\text{cm}$	体积/cm³	时间/s	$Q_实/$ (cm³/s)	流速 $v/$ (cm/s)	雷诺数 Re

指导教师签名:　　　　　　　　　　　　　　　　实验日期:

(三)实验结果分析

(1)点绘水头损失 h_f 与雷诺数 Re 的关系,求出下临界雷诺数 Re_k。

(2)根据实验分析层流和紊流时水头损失随流速的变化规律。

六、注意事项

(1)在测量过程中,一定要保持水箱内的水位恒定。每变动一次出水阀门,须待水头稳定后再量测流量和水头损失。

(2)出水阀门必须从大到小逐渐关闭。

(3)在流动型态转变点附近,流量变化的间隔要小些,使测点多些,以便准确测定下临界雷诺数。

(4)在层流区,由于压差小、流量小,所以在测量时要耐心细致地多测几次。

(5)实验时,一定要在水位恒定后再进行数据测量。

(6)实验过程中,尽量要避免外界对水流的任何扰动(不能晃动实验台)。

七、思考题

(1)为什么实验时水箱水位要保持恒定？

(2)影响雷诺数的因素有哪些？

(3)在圆管中流动,水和油两种流体的下临界雷诺数相同吗？

(4)讨论层流和紊流有什么工程意义？天然河道水流属于什么型态？

(5)雷诺数的物理意义是什么？

(6)为何认为上临界雷诺数无实际意义,而采用下临界雷诺数作为层流和紊流的判别依据？

第四章　管道沿程水头损失实验

一、实验目的

(1)测量管道沿程阻力系数。

(2)通过实验进一步了解影响沿程阻力系数的因素,在进行管路计算时能比较合理地选择阻力系数。

(3)用实验数据在对数纸上绘制沿程阻力系数与雷诺数的关系曲线,并与摩迪图进行比较。分析实验曲线在哪些区间。

二、实验原理

在雷诺实验里,学习到水流有两种形态——层流和紊流,以及层流和紊流水头损失与流速之间的关系。在这个实验里,解释水头损失的物理意义及分类。

(一)水头损失的产生原因及分类

理想液体运动过程中没有能量损失是因为假定它不具有黏滞性。而实际液体都是有黏滞性的,在流动过程中与边界接触的质点黏附在固体表面上,流速为零,离边界远的点流速较大,表现在接触面法线上有一个速度差,即流层与流层之间相对运动。由于黏滞性作用,流层之间就有内摩擦切应力产生,流体流动克服这种摩擦阻力做功所消耗的部分机械能就叫作能量损失,即水头损失。

如图 2.4-1 所示,在沿流程过水断面形状和尺寸都不变的直的流道中,单位质量的液体从一个断面流到另一个断面所损失的能量,叫作这两个断面间的水头损失,这种水头损失与沿流程在单位长度上的损失率相同,所以称为沿程水头损失,常用 h_f 表示。由于过水断面改变(突然扩大或缩小等),或流道上有障碍物,液体通过这些局部区段,水流内部结构发生变化产生的能量损失叫作局部水头损失。由上述可知,产生水头损失必须具备两个条件:液体具有黏性;由于固体边壁的影响,液体内部质点间产生相对运动。

(二)沿程水头损失计算

对通过直径不变的圆管的恒定流,取实验管路 1—1、2—2 两个断面列出能量方程:

$$z_1 + \frac{p_1}{\gamma} + \frac{\alpha_1 v_1^2}{2g} = z_2 + \frac{p_2}{\gamma} + \frac{\alpha_2 v_2^2}{2g} + h_f \tag{2.4-1}$$

式中

$$z_1 + \frac{\alpha_1 v_1^2}{2g} = z_2 + \frac{\alpha_2 v_2^2}{2g} \tag{2.4-2}$$

所以

$$h_f = \frac{p_1 - p_2}{\gamma} = \frac{\Delta p}{\gamma} \tag{2.4-3}$$

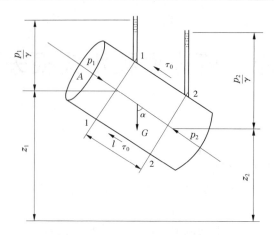

图 2.4-1　沿程水头损失分析简图

即两个断面间沿程水头损失等于两个断面的压强水头差。

达西(Darcy)公式:

$$h_\mathrm{f} = \lambda \, \frac{l}{d} \, \frac{v^2}{2g} \tag{2.4-4}$$

或

$$\lambda = h_\mathrm{f} / \left(\frac{l}{d} \, \frac{v^2}{2g} \right) \tag{2.4-5}$$

式中　λ——沿程阻力系数,是一个无量纲数;

　　　h_f——沿程水头损失;

　　　d——管道直径;

　　　l——实验管段长度;

　　　v——管道断面平均流速;

　　　g——重力加速度。

雷诺数由下式计算,即

$$Re = \frac{vd}{\nu} \tag{2.4-6}$$

式中　ν——液体运动黏滞系数。

对于实验管道,d、l 的数值是已知的。由实验测出断面1—1、断面2—2 的压强水头差 h_f 和流量 Q,并且计算出平均流速 v,将以上各值代入式(2.4-5)即可计算出 λ 值。测量水的温度查相关资料可得 ν 值,利用雷诺数计算公式计算出雷诺数值。改变流量,测得若干组次的 λ 和 Re 值后,即可绘出 $\lg\lambda$-$\lg Re$ 关系曲线,由实验曲线可以看到管流中存在着三种不同的流动型态区域:层流、过渡流和紊流。

(三) 紊流中存在黏性底层

在紊流固体边界附近,受边壁附着力制约,紊动迅速衰减,流线平顺。在这一薄层中,黏滞切应力起控制作用,为层流。在边界表面存在一很薄的层流底层——黏性底层。其上流体质点的紊动混掺作用渐强,经一薄层过渡后,水流呈紊动混掺起主导作用的紊流——紊流核心区,如图 2.4-2 所示。

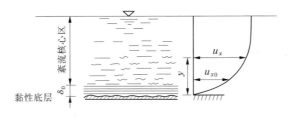

图 2.4-2　紊流分布

为了研究黏性底层的特点,引入反映边界摩阻特征的物理量——摩阻流速:$u_* = \sqrt{\dfrac{\tau_0}{\rho}}$。$u_*$ 具有流速量纲,它反映了边界摩阻作用对流速的影响。边界切应力的综合表达式为 $\tau_0 = \dfrac{\lambda}{8}\rho v^2$,可得摩阻流速与平均流速的关系为

$$u_* = \sqrt{\frac{\lambda}{8}}v \tag{2.4-7}$$

根据黏性底层的流速分布特点和尼古拉兹的试验结果,可得黏性底层的厚度为

$$\delta_0 = 11.6\,\frac{\nu}{u_*} \tag{2.4-8}$$

管道中:
$$\delta_0 = \frac{32.8d}{Re\sqrt{\lambda}} \tag{2.4-9}$$

明渠中:
$$\delta_0 = \frac{32.8R}{Re\sqrt{\lambda}} \tag{2.4-10}$$

固体边壁的粗糙度即壁面凹凸不平状况,用 Δ 表示(称绝对粗糙度)。Δ 一定的壁面,流速不同时呈以下三种状态:

(1)水力光滑面:$\Delta/\delta_0 < 0.3$。也称紊流处于水力光滑区(当 Re 较小时,δ_0 较厚,完全淹没了边壁的凹凸不平,如图 2.4-2 所示。边界对水流的阻力主要是黏滞阻力。其实际效果可认为与边界的 Δ 无关——水力光滑面)。

(2)水力粗糙面:$\Delta/\delta_0 > 6$。也称紊流处于水力粗糙区(当 Re 很大时,δ_0 极薄,边界的凹凸不平已伸入到紊流核心区,如图 2.4-2 所示。紊流在经过边壁凸起时,不断在凸起点背后产生水流脱离和小漩涡,形成附加水流阻力,加剧水流紊动,此时 Δ 对能量损失产生决定性影响)。

(3)过渡粗糙面:$0.3 \leqslant \Delta/\delta_0 \leqslant 6$。也称紊流处于过渡粗糙区(当 Re 介于前两者之间的过渡状态,此时边壁黏滞作用和粗糙干扰作用都对紊流产生影响)。

(四)紊动使流速分布均匀化

紊流由于混掺,使过水断面上流速分布均匀化。目前,常用的公式如下。

1. 指数型流速分布公式(普朗特提出)

对于管流[见图 2.4-3(a)]:
$$\frac{u_x}{u_m} = \left(\frac{y}{r_0}\right)^n \tag{2.4-11}$$

式中,指数 n 与 Re 有关。当 $Re < 10^5$ 时,$n = \dfrac{1}{7}$;当 $Re \geqslant 10^5$ 时,其值在 $\dfrac{1}{8} \sim \dfrac{1}{10}$。$u_m$ 为断面最大流速,其他符号含义参见图 2.4-3(b)。

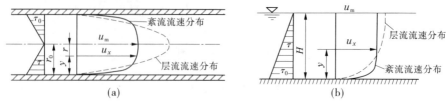

图 2.4-3 层流和紊流流速分布

2. 对数型流速分布公式

(1)对于充分紊动的紊流核心区(附加切应力完全起主导作用):

$$\tau \approx \tau_2 = \rho l^2 \left(\frac{\mathrm{d}u_x}{\mathrm{d}y} \right)^2 \tag{2.4-12}$$

(2)根据萨特凯维奇的研究成果:

$$l = ky \sqrt{1 - \frac{y}{r_0}} \tag{2.4-13}$$

其中,k 为一常数,称为卡门通用常数,清水可取 0.4。

(3)对于圆管流:$\tau = \tau_0 \dfrac{r}{r_0} = \tau_0 \left(1 - \dfrac{y}{r_0}\right)$,如图 2.4-3(a)所示。

于是

$$\tau_0 = \rho k^2 y^2 \left(\frac{\mathrm{d}u_x}{\mathrm{d}y} \right)^2 \tag{2.4-14}$$

即

$$\frac{\mathrm{d}u_x}{\mathrm{d}y} = \frac{1}{ky} \sqrt{\frac{\tau_0}{\rho}} = \frac{u_*}{ky} \tag{2.4-15}$$

积分得

$$u_x = \frac{u_*}{k} \ln y + C \tag{2.4-16}$$

式(2.4-16)为紊流核心区对数型流速分布公式的一般形式。

紊流光滑区——光滑管:

$$\frac{u_x}{u_*} = 2.5 \ln \frac{y u_*}{\nu} + 5.5 \tag{2.4-17}$$

紊流粗糙区——粗糙管:

$$\frac{u_x}{u_*} = 2.5 \ln \frac{y}{\Delta} + 8.5 \tag{2.4-18}$$

实践证明,对数型流速分布公式在紊流核心区能较好地反映紊流的流速分布规律。指数型流速分布公式结构简单、易用,而且具有相当的精度,因而在实际中得到较广泛的应用。

(五)莫迪图

图 2.4-4 是沿程阻力系数与雷诺数和相对粗糙度之间的关系曲线,此图称为莫迪图,

是 1944 年由莫迪绘制的。从图 2.4-4 中可以看出,沿程阻力系数 λ 是雷诺数 Re 和相对粗糙度 Δ/d 的函数,即 $\lambda = f(Re, \Delta/d)$。在层流区,$\lambda$ 只与雷诺数 Re 有关,即 $\lambda = f(Re)$,理论分析得出,$\lambda = 64/Re$;在紊流光滑区,沿程阻力系数也只与雷诺数有关,粗糙度不起作用,普朗特得出光滑区阻力系数的表达式为 $[2.0 \lg(Re\sqrt{\lambda}) - 0.8]\sqrt{\lambda} = 1.0$;在紊流过渡区,$\lambda$ 与雷诺数 Re 和 $\dfrac{\Delta}{d}$ 都有关系;在紊流粗糙区,λ 只与相对粗糙度 $\dfrac{\Delta}{d}$ 有关,而与雷诺数 Re 无关,即 $\lambda = f(\dfrac{\Delta}{d})$。

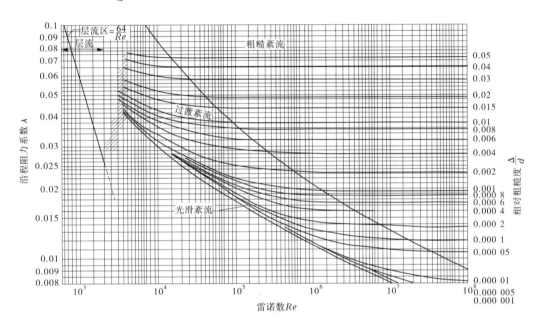

图 2.4-4　沿程阻力系数与雷诺数和相对粗糙度的关系

三、实验装置

沿程水头损失实验装置如图 2.4-5 所示。实验设备为自循环实验系统。包括供水箱、水泵、等直径的压力管道、调节阀、接水盒、回水管、量筒、水压差计、钢尺和秒表等。

四、实验步骤

(1)准备:搞清楚仪器各组成部件的名称、作用及工作原理。检查蓄水箱水位并记录有关实验常数。

(2)排气:首先在确保全部打开分流阀门的情况下,启动水泵,排除实验管道中的气体,然后关闭阀门,分别打开连通器水压差计的止水夹,排出测压计中的气体。检查水压差计内的液面是否齐平及电子测压计的压差器读数是否为零(可用调节旋钮调零);否则,按照上述步骤重新进行排气。

(3)供水装置有自动启闭功能,接上电源后,打开阀门,水泵能自动开关机供水,关掉

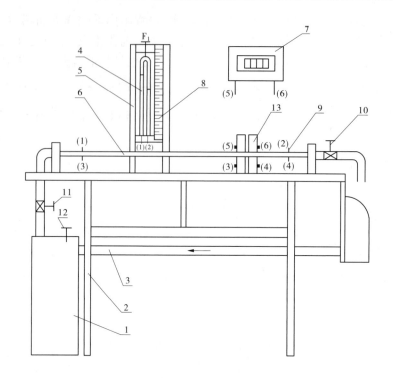

1—供水箱;2—实验台;3—回水管;4—水压差计;5—测压计;6—实验管道;
7—电子测压计;8—滑动测量尺;9—测压点;10—实验流量调节阀;11—供水管与供水阀;
12—旁通管与旁通阀;13—稳压筒[连接(3)(4)(5)(6)测点];(1)~(6)—测压点。

图 2.4-5　沿程水头损失实验装置

阀门,水泵会随之断电停机。若水泵连续运转,则供水压力恒定,但在供水量很小时,水泵会间断供水,供水的压力波动很大。

(4)不允许水压差计上的止水夹没有加紧时,用电子测压计进行大流量的实验;否则,会使测压管内的气体进入连通管里面。而且测压点上的静水压能有部分转换成流速动能,造成实测的压差误差增大。一旦出现这种情况,必须再次排气方可继续实验。

(5)确保打开调节阀,由小到大逐次进行,当调节阀全开时,逐次关闭旁通阀,使得实验流量逐渐增大。

(6)每次调节流量后,稳定 2~3 min,然后用滑动测量尺测量各个测压管的液面高度,并用体积法测量流量。每次测量的时间尽量长一些。

(7)要求测量 9 次以上,其中层流区域测量 3~5 次。

(8)由于水泵的运行,水温会发生微小变化,故要求在每次实验时测量水温一次。

(9)实验结束前,先关闭调节阀,检查水压差计两测压管的液面是否齐平或者电子测压计是否回零。

(10)关闭阀门,排水后切断电源。实验完毕后将仪器恢复原状。

五、数据处理和结果分析

(一)记录有关信息及实验常数

实验设备名称：_____　　实验台号：_____

实验者：_____　　实验日期：_____

已知数据：管道直径 $d=$　cm；管道断面面积 $A=$　cm²；实验管段长度 $l=$　cm；水温 $t=$　℃；水的运动黏滞系数 $\nu=$　cm²/s。

(二)实验数据及计算结果

实验数据及计算结果

测次	h_1/cm	h_2/cm	Δh/cm	体积/cm³	时间/s	$Q_{实}$/(cm³/s)	流速/(cm/s)	沿程阻力系数 λ	雷诺数 Re	Δ/δ_0	实验区域判断

指导教师签名：　　　　　　　　　　　　　　　实验日期：

(三)实验结果分析

(1)在双对数纸上点绘沿程阻力系数 λ 与雷诺数 Re 的关系，分析沿程阻力系数 λ 随雷诺数的变化规律，并将结果与莫迪图进行比较，分析实验所在的区域。

(2)也可以用下面的方法对实验曲线进行分析，判断流动区域。当 $Re<2\,000$ 时，为层流区，$\lambda=\dfrac{64}{Re}$。当 $2\,000<Re<4\,000$ 时，为层流到紊流的过渡区。当 $Re>40\,000$ 时，液流形态已进入紊流区，这时，沿程阻力系数 λ 取决于黏性底层厚度 δ_0 与绝对粗糙度 Δ 的比值。

黏性底层的计算公式为

$$\delta_0=\frac{32.8d}{Re\sqrt{\lambda}} \tag{2.4-19}$$

根据绝对粗糙度与黏性底层的比值，对紊流区域判断如下：

当$\frac{\Delta}{\delta_0}$<0.3 为紊流光滑区,$\lambda=f(Re)$,仅与雷诺数有关;当 0.3$\leqslant\frac{\Delta}{\delta_0}$<6.0 为紊流过渡区,$\lambda=f(Re,\frac{d}{\Delta})$,$\lambda$ 不仅与雷诺数有关,而且与相对光滑度$\frac{d}{\Delta}$有关;当$\frac{\Delta}{\delta_0}$>0.6 为阻力平方区(粗糙区),$\lambda=f(\frac{d}{\Delta})$,$\lambda$ 仅与相对光滑度$\frac{d}{\Delta}$有关。

(3)由实测的层流区的水头损失 h_f,计算运动黏滞系数 ν。已知在层流区 $\lambda=\frac{64}{Re}$,

$Re=\frac{vd}{\nu}$,代入式(2.4-4)得 $\nu=\frac{gd^2h_f}{32lv}$,又 $g=\frac{\gamma}{\rho}$,$\mu=\rho\nu$,可得

$$\mu=\frac{\gamma d^2 h_f}{32lv} \tag{2.4-20}$$

六、注意事项

(1)关闭差压计上排气阀门,防止串压。
(2)改变流量后应待水流稳定后,再测读流量和压差。
(3)由于水流的脉动作用,压差计液面上下跳动,读数可取其平均值。
(4)每次调节阀改变流量后,要使水流稳定后再进行测量并读数记录,在测量小流量时,水流稳定的时间会相对较长一些,以保证实验结果的正确。

七、思考题

(1)实验前为什么要将管道、测压计和橡皮管内空气排尽?怎样检查空气已被排尽?
(2)量测出的实验管段压强水头之差为什么叫作沿程水头损失?其影响因素有哪些?计算沿程水头损失的目的是什么?
(3)尼古拉兹实验揭示了哪些流动区域和能量损失的规律性?
(4)分析你的实验曲线在哪个区域?
(5)实际工程中钢管中水流的流动,大多为光滑紊流区或紊流过渡区,而水电站泄洪洞的流动,大多是紊流阻力平方区,其原因何在?

第五章　管道局部水头损失实验

一、实验目的

（1）测量管道突然扩大、突然缩小时的局部阻力系数。

（2）将实测值与理论值或经验系数进行比较，以验证理论公式的正确性。

（3）分别绘制突然扩大、突然缩小管道的局部水头损失和流速水头的关系曲线。

（4）进一步了解管径突然变化，在突变段前后测压管水头线的变化规律，加深对局部水头损失规律和机制的理解。

二、实验原理

由于水流边界条件或过水断面的改变，水流受到扰动，流速、流向、压强等都将发生改变，并且产生漩涡，在这一过程中，水流质点间相对运动加强，使得内摩擦加强，从而产生较大的能量损失。由于能量损失是在局部范围内发生的，因此叫作局部水头损失。一般而言，局部水头损失的计算，应用理论求解有很大困难，主要是因为在急变流情况下，作用在固体边界上的动水压强不好确定。目前，只有少数几种情况可用理论近似分析，大多数情况还只能通过实验方法来解决。

（一）局部水头损失一般计算公式

局部水头损失的一般计算公式为

$$h_j = \zeta \frac{v^2}{2g} \tag{2.5-1}$$

式中　h_j——局部水头损失；

　　　ζ——局部水头损失系数，即局部阻力系数，是流动型态与边界形状的函数，即 $\zeta = f($ 边界形状，$Re)$，当水流的雷诺数 Re 足够大时，可以认为 ζ 不再随 Re 而变化，可视作常数；

　　　v——断面平均流速，一般用发生局部水头损失以后的断面平均流速，也有用损失断面前的平均流速，所以在计算或查表时要注意区分。

（二）突然扩大管道局部水头损失的理论计算公式

图 2.5-1 为一圆管突然扩大的实验管段，管的断面从 1—1 突然扩大至 2—2，液流自小断面进入大断面时，流股脱离固体边界，四周形成漩涡，然后流股逐渐扩大，经距离 $(5\sim8)d_2$ 以后才与大断面吻合。在断面 1—1 和断面 2—2 的水流均为渐变流，可列出能量方程，由于断面 1—1 和断面 2—2 之间距离很短，因此沿程水头损失可以略去不计，则得

$$h_j = \left(z_1 + \frac{p_1}{\gamma} \right) - \left(z_2 + \frac{p_2}{\gamma} \right) + \frac{\alpha_1 v_1^2 - \alpha_2 v_2^2}{2g} \tag{2.5-2}$$

式中　$\left(z_1 + \dfrac{p_1}{\gamma}\right) - \left(z_2 + \dfrac{p_2}{\gamma}\right)$——断面 1—1 和断面 2—2 的测压管水头差;

　　　　v_1, v_2——断面 1—1 和断面 2—2 的平均流速。

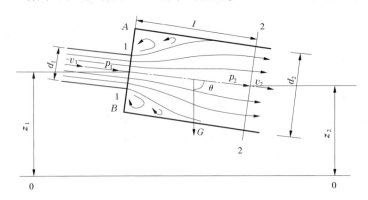

图 2.5-1　局部水头损失分析简图

管道局部水头损失目前仅有断面突然扩大(见图 2.5-1)可利用动量方程,能量方程和连续方程进行理论分析,并可得出足够精确的结果,其他情况尚需通过实验方法测定局部阻力系数。对于管道突然扩大,理论公式为

$$h_j = \frac{(v_1 - v_2)^2}{2g} \tag{2.5-3}$$

由连续方程 $A_1 v_1 = A_2 v_2$,解出 v_1 或 v_2,代入式(2.5-3)可分别得

$$h_j = \left(\frac{A_2}{A_1} - 1\right)^2 \frac{v_2^2}{2g}, \quad \zeta_{扩大1} = \left(\frac{A_2}{A_1} - 1\right)^2 \tag{2.5-4}$$

或

$$h_j = \left(1 - \frac{A_1}{A_2}\right)^2 \frac{v_1^2}{2g}, \quad \zeta_{扩大2} = \left(1 - \frac{A_1}{A_2}\right)^2 \tag{2.5-5}$$

式中　A_1、A_2——断面 1—1 和断面 2—2 的过水断面面积;

　　　　$\zeta_{扩大1}$、$\zeta_{扩大2}$——突然放大的局部阻力系数。

由式(2.5-4)和式(2.5-5)可以看出,突然扩大的局部水头损失可以用损失前的流速水头或者用损失后的流速水头表示,但两种表示方法其阻力系数是不一样的,在应用中要注意应用条件。

如果知道管道流量和管径即可用式(2.5-5)计算局部阻力系数。用实验方法测得局部水头损失 h_j 和流速 v,也可用式(2.5-1)算出局部阻力系数。

对于断面突然缩小的情况,目前尚没有理论公式,对于 $A_2/A_1 < 0.1$ 的情况,有以下的经验公式:

$$h_j = \frac{1}{2}\left(1 - \frac{A_2}{A_1}\right)\frac{v_2^2}{2g}, \quad \zeta_{缩小} = \frac{1}{2}\left(1 - \frac{A_2}{A_1}\right) \tag{2.5-6}$$

对于断面突然缩小的其他面积比,其局部阻力系数可由表 2.5-1 查算,或者用经验公式(2.5-7)计算。

表 2.5-1　突然缩小时不同面积比的局部阻力系数

A_2/A_1	0.01	0.1	0.2	0.3	0.4	0.5	0.6	0.7	0.8	0.9	1.0
$\xi_{缩小}$	0.50	0.47	0.45	0.38	0.34	0.30	0.25	0.20	0.15	0.00	0.00

$$\zeta_{缩小} = -1.225\ 5\left(\frac{A_2}{A_1}\right)^4 + 2.209\ 6\left(\frac{A_2}{A_1}\right)^3 - 1.385\ 9\left(\frac{A_2}{A_1}\right)^2 - 0.116\ 7\left(\frac{A_2}{A_1}\right) + 0.5$$

$$(2.5-7)$$

三、实验设备

实验装置为自循环系统,包括供水箱、水泵、突然扩大压力管道、突然缩小压力管道、调节阀、接水盒、回水管、测压计、量筒、钢尺和秒表等。局部阻力系数实验装置如图2.5-2所示。

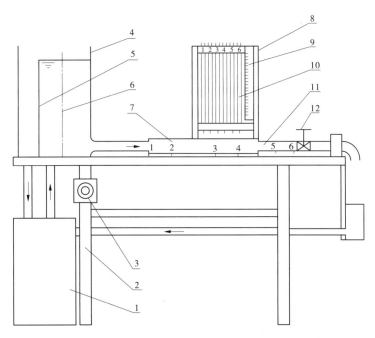

1—自循环供水器;2—实验台;3—无极调速器;4—恒压水箱;5—溢流板;6—稳水孔板;
7—突然扩大实验管段;8—测压计;9—滑动测量尺;10—测压管;11—突然收缩实验管段;12—流量调节阀。

图 2.5-2　局部阻力系数实验装置

四、实验步骤

(1)记录有关常数,如突然放大的管径 d_1 和管径 d_2、突然缩小的管径 d_3 和管径 d_4。

(2)打开供水泵和流量调节阀门,使管中充满水。

(3)关闭流量调节阀门,打开测压排上的止水夹,将测压管中的空气排出,并检验空气是否排完。检验的方法是:管道不过流时两根测压管的液面应齐平。

（4）打开流量调节阀门,观察测压管或差压流量测量仪面板显示的压差值为适当数值。为避免大流量时,测压管水面超出标尺范围,实验开始时应将测压管水面调整到标尺的中间部位。

（5）待水流稳定后测量压差和流量。用量筒和秒表测量流量,用钢板尺测量测压管读数 $z_1 + \dfrac{p_1}{\gamma}$、$z_2 + \dfrac{p_2}{\gamma}$、$z_3 + \dfrac{p_3}{\gamma}$、$z_4 + \dfrac{p_4}{\gamma}$。

（6）调节流量阀门,使流量逐渐减小或增加,重复第(3)步至第(5)步 n 次。

（7）实验结束后将仪器恢复原状。

五、数据处理和结果分析

(一)记录有关信息及实验常数

实验设备名称:＿＿＿＿＿＿＿＿＿　　　实验台号:＿＿＿＿＿＿

实验者:＿＿＿＿＿＿＿＿＿＿　　　实验日期:＿＿＿＿＿＿

已知数据:突然扩大管:$d_1 =$　　cm;$d_2 =$　　cm;

突然缩小管:$d_3 =$　　cm;$d_4 =$　　cm。

(二)实验数据记录

实验数据记录

测次	传统实验方法						差压流量测量仪				流量 $Q/$ $(\mathrm{cm}^3/\mathrm{s})$
	突然扩大/cm		突然缩小/cm		体积	时间	压差		体积	时间	
	$z_1 + \dfrac{p_1}{\gamma}$	$z_2 + \dfrac{p_2}{\gamma}$	$z_3 + \dfrac{p_3}{\gamma}$	$z_4 + \dfrac{p_4}{\gamma}$	V $/\mathrm{cm}^3$	t/s	Δh_1 $/\mathrm{cm}$	Δh_2 $/\mathrm{cm}$	V/cm^3	t/s	

指导老师签字:　　　　　　　　　　　　　　　　　实验日期:

(三)计算结果

计算结果

测次	$A_1 = \qquad$ cm^2			$A_2 = \qquad$ cm^2			
	突然扩大阻力系数计算						
	$Q/$ (cm^3/s)	$v_1/$ (cm/s)	$\dfrac{v_1^2}{2g}/$ cm	$v_2 /$ (cm/s)	$\dfrac{v_2^2}{2g}/$ cm	$h_j/$cm	ζ

(四)实验结果分析

(1)计算所测量的管道突然扩大和突然缩小的局部阻力系数 ζ 值,分析比较突然扩大与突然缩小在相应条件下的局部损失大小关系。

(2)将突然扩大实测 $\zeta_{扩大}$ 与理论公式计算 $\zeta_{扩大}$ 的数据进行比较,将突然缩小的实测值 $\zeta_{缩小}$ 与式(2.5-7)计算值或表 2.5-1 查算值进行比较。

(3)绘制局部水头损失与速度水头的关系曲线,其斜率即为局部阻力系数。

(4)分析突然扩大与突然缩小局部水头损失的变化规律。

六、注意事项

(1)测压管内气体一定要排尽,否则会影响实验结果。

(2)用流速 v_1 还是流速 v_2 算出的局部阻力系数是不同的,应注意切勿代错。

(3)每次测量时,流量调节不易过小,以免造成较大误差。

(4)每次改变流量后,必须等测压管的水位稳定后再测量。

七、思考题

(1)实验中所选择的测压管一定要在渐变流断面上,为什么? 不在渐变流断面上的测压管水头是怎样变化的?

(2)能量损失有几种形式? 产生能量损失的物理原因是什么?

(3)影响局部阻力系数的主要因素是什么?

(4)一般计算局部阻力损失时,是用流速 v_1 还是用流速 v_2? 为什么进口损失不能用流速 v_1、出口损失不能用流速 v_2?

(5)分析局部水头损失产生的机制,怎样才能减小局部水头损失?

第六章　能量方程验证实验

一、实验目的

(1)观察水在管道内做恒定流动时,位置水头 z、压强水头 $\dfrac{p}{\gamma}$ 和流速水头 $\dfrac{v^2}{2g}$ 的沿程变化规律,并进行讨论。

(2)绘出各断面的测压管水头线和总水头线及理想液体的总水头线,比较分析,加深对能量转换、能量守恒定律的理解。

(3)建立沿程水头损失和局部水头损失的概念。

(4)验证恒定总流的能量方程。

(5)通过对水动力学的诸多水力现象的实验分析,进一步掌握有压管道水流的水动力学的能量转换特征。

二、实验原理

根据能量守恒定律和能量转换原理验证能量方程。水流运动遵循能量守恒及其转化规律,其计算简图如图 2.6-1 所示。

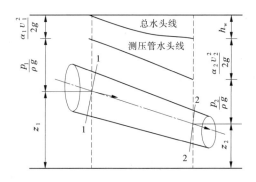

图 2.6-1　能量守恒与转换规律的计算简图

能量方程的物理意义:运动着的水流具有三种形式的能量,即位能、压能和动能。水流在运动过程中,这三种形式的能量可以互相转化,但是总的能量是守恒的。实际重力液体恒定总流的能量方程可写为

$$z_1 + \frac{p_1}{\gamma} + \frac{\alpha_1 v_1^2}{2g} = z_2 + \frac{p_2}{\gamma} + \frac{\alpha_2 v_2^2}{2g} + h_{w1-2} \qquad (2.6\text{-}1)$$

其中,各项的物理意义分别为单位重量液体的位能、压能和动能。量纲均与高度的量纲相同,所以又称为水头。z 为位置水头,$\dfrac{p}{\gamma}$ 为压强水头,$\dfrac{v^2}{2g}$ 为流速水头,三项之和称为过水

断面的总水头。h_{w1-2} 为单位重量液体由断面 1—1 流到断面 2—2 克服阻力做功所损失的平均能量,通常称为水头损失。

利用图形来描述水流的各种能量的转换规律,以及它们的几何表示方法。以水头为纵坐标,沿流程取过水断面,按一定的比例尺把各过水断面上的 z、$\dfrac{p}{\gamma}$、$\dfrac{v^2}{2g}$ 分别绘于图上,如图 2.6-1 所示。将各断面 $z+\dfrac{p}{\gamma}$ 值的点连接起来,就得到一条测压管水头线,将各断面总能量 $z+\dfrac{p}{\gamma}+\dfrac{v^2}{2g}$ 的点连接起来就得到一条总水头线,任意两个断面上的总水头线之高差即是这两个断面之间的水头损失。

能量方程表达了液流中机械能和其他形式的能量(主要是代表能量损失的热能)保持恒定的关系,总机械能在互相转化过程中,有一部分由于克服液流阻力转化为水头损失。机械能中势能和动能可以互相转化,互相消长,表现为动能增、势能减。如机械能中的动能不变,则位能和压能可以互相转化,互相消长,表现为位能减、压能增,或位能增、压能减。因此,能量方程的物理意义是总流各过水断面上单位质量液体所具有的势能平均值与动能平均值之和,即总机械能的平均值沿流程减小,部分机械能转化为热能而损失。同时,也表示了各项能量之间可以相互转化的关系。其几何意义是:总流各过水断面上平均总水头沿流程下降,所下降的高度即为平均水头损失,也表示了各项水头之间可以互相转化的关系。平均总水头线沿流程下降,平均测压管水头线沿流程可以上升,也可以下降。

能量方程的应用条件如下:

(1)水流必须是恒定流。

(2)作用于液体上的力只有重力。

(3)在所选取的两个过水断面上,液流应符合渐变流条件,但在所选取的两个断面之间,液流可以不是渐变流。

应用能量方程的注意事项如下:

(1)基准面的选择是任意的,但在计算不同断面的位置水头 z 时,必须选择同一基准面。

(2)能量方程中的压强水头 $\dfrac{p}{\gamma}$ 一项,可以用相对压强,也可以用绝对压强,但对同一问题必须采用相同的标准。

(3)在计算过水断面的测压管水头 $z+\dfrac{p}{\gamma}$ 时,可以选取过水断面上任意点来计算,因为在渐变流的同一断面上的任何点的 $z+\dfrac{p}{\gamma}$ 值均相等,具体选择哪一点,以计算方便为宜。对于管道,一般可取管道中轴线点来计算;对于明渠,一般在自由表面上取一点来计算比较方便。

三、实验设备和仪器

实验设备由蓄水箱、水泵、稳水箱、溢流管、实验管段、测压排、接水盒、回水系统组成。流量测量用体积法或质量法,能量方程实验装置如图 2.6-2 所示。

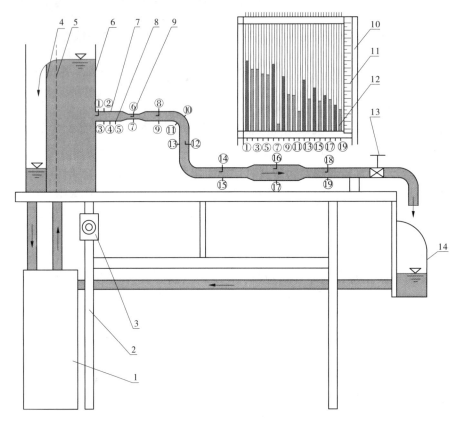

1—自循环供水器;2—实验台;3—可控硅无级调速器;4—溢流板;5—稳水孔板;
6—恒压水箱;7—实验管道;8—测压点;9—弯针毕托管;10—测压计;
11—滑动测量尺;12—测压管;13—流量调节阀;14—回水漏斗;
①⑥⑧⑫⑭⑯⑱—毕托管测压点;②③④⑤⑦⑨⑪⑬⑮⑰⑲—普通测压点。

图 2.6-2　能量方程实验装置

四、实验方法与步骤

(1)记录测量管道各变化部位的有关参数,如管径、管长。

(2)打开水泵和上水阀门,使水流充满恒压水箱并保持溢流状态。

(3)打开实验管道的进水阀门和出水阀门,使水流流过实验管道,待管道出水阀门出流后,关闭出水阀门,排去实验管道和各测压管内的空气,并检验空气是否排完,检验的方法是,出水阀门关闭时各测压管液面为一水平线。

(4)空气排完后,打开管道出水阀门并调节流量,使测压管水头线在适当位置,待水流稳定后,观察测压管水头线和总水头线,用体积法或质量法测出流量。

(5)改变流量,重复一次实验。

(6)用实测的水头损失验证能量方程。

(7)实验完后将仪器恢复原状。

五、数据处理与结果分析

(一)记录有关信息

实验设备名称:＿＿＿＿＿＿＿＿＿＿＿　　　实验台号:＿＿＿＿＿＿＿＿

实验者:＿＿＿＿＿＿＿＿＿＿＿＿＿　　　实验日期:＿＿＿＿＿＿＿

(二)实验数据记录及计算结果

实验数据记录及计算结果

测压管编号	流量 Q / (cm^3/s)	管径 d / cm	面积 A / cm^2	$z+\dfrac{p}{\gamma}$ / cm	流速 v / (cm/s)	$\dfrac{v^2}{2g}$ /cm	总水头 H/cm	水头损失 h_w/ cm

指导教师签名:＿＿＿＿＿＿＿　　　　　　实验日期:＿＿＿＿＿＿＿

(三)实验结果分析

(1)根据实测的各点测压管水头和总水头,点绘测压管水头和总水头的沿程变化线。

(2)根据实测流量和各测量断面的管径,计算出各测量断面的流速水头和总水头,并同实测的总水头进行比较。

(3)在同一张图上点绘出液体的总水头线,求出各管段的水头损失。

六、注意事项

(1)测量数据前一定要将管道和测压管内的气体排出。

(2)各自循环供水实验均需注意:计量后的水必须倒回原实验装置的水斗内,以保持自循环供水。

(3)稳压筒内气腔越大,稳压效果越好。但稳压筒的水位必须淹没连通管的进口,以免连通管进气,否则需拧开稳压筒排气螺丝提高筒内水位;若稳压筒的水位高于排气螺丝口,说明有漏气,需检查处理。

(4)传感器与稳压筒的连通管要确保气路通畅,接管及进气口均不得有水体进入,否则需清除。

七、思考题

(1) 简述能量方程应用条件和注意事项。

(2) 测压管测量的是绝对压强还是相对压强?

(3) 沿流程测压管水头线可以降低也可以升高,总水头线也可以沿流程升高吗?

(4) 试述能量方程的物理意义和几何意义。

(5) 为什么急变流断面不能被选作能量方程的计算断面?

第七章　文丘里实验

一、实验目的和要求

(1)了解文丘里流量计的构造、测流原理及使用方法。

(2)掌握文丘里流量计流量系数的测量方法。

(3)点绘流量系数与实测流量及流量与压差的关系,计算出流量系数的平均值。

二、文丘里流量计测流原理

文丘里(Venturi)流量计是一种测量有压管道中流量大小的装置,它由两段锥形管和一段较细的管子相连接而组成(见图2.7-1),前面部分称为收缩段,中间部分为喉管(管径不变段),后面部分为收缩段。若欲测量某管段中通过的流量,则把文丘里流量计连接在管段中,在收缩段进口处与喉管处分别安装测压管(也可直接设置差压计),用以测得该两断面上的测压管水头差 Δh 。当已知测压管水位差 Δh 时,运用能量方程即可计算出通过水管中流量,下面分析其测流原理。

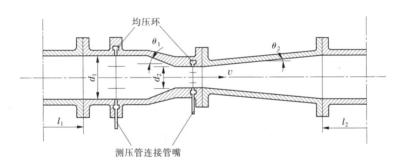

图2.7-1　文丘里流量计构造

图2.7-2是文丘里流量计理论分析简图。以0—0为基准面,暂不考虑能量损失,取断面1—1和断面2—2列能量方程得

$$z_1 + \frac{p_1}{\gamma} + \frac{\alpha_1 v_1^2}{2g} = z_2 + \frac{p_2}{\gamma} + \frac{\alpha_2 v_2^2}{2g} \tag{2.7-1}$$

由式(2.7-1)得

$$\frac{\alpha_2 v_2^2}{2g} - \frac{\alpha_1 v_1^2}{2g} = \left(z_1 + \frac{p_1}{\gamma}\right) - \left(z_2 + \frac{p_2}{\gamma}\right) = \Delta h \tag{2.7-2}$$

式中 z_1、z_2、$\dfrac{p_1}{\gamma}$、$\dfrac{p_2}{\gamma}$、$\dfrac{\alpha_1 v_1^2}{2g}$、$\dfrac{\alpha_2 v_2^2}{2g}$——断面1—1和断面2—2的位置水头,压强水头和流速水头;

Δh ——断面 1—1 和断面 2—2 的测压管水头差。

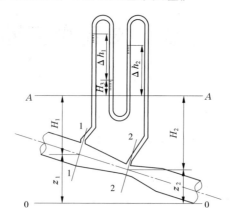

图 2.7-2　文丘里流量计理论分析简图

由连续方程可得

$$v_1 = \frac{A_2}{A_1}v_2 = \left(\frac{d_2}{d_1}\right)^2 v_2 \qquad (2.7\text{-}3)$$

式中　A_1、A_2——管道和文丘里流量计喉道断面的面积；

　　　d_1、d_2——管道断面的直径和文丘里流量计喉道。

将式(2.7-3)代入式(2.7-2)得

$$v_2 = \sqrt{\frac{2g\Delta h}{1-(d_2/d_1)^4}} \qquad (2.7\text{-}4)$$

通过文丘里流量计得流量为

$$Q = v_2 A_2 = \frac{\pi d_2^2}{4}\sqrt{\frac{2g\Delta h}{1-(d_2/d_1)^4}} \qquad (2.7\text{-}5)$$

式(2.7-5)即为文丘里流量计不考虑水头损失时的流量公式,令

$$K = \frac{\pi d_2^2}{4}\sqrt{\frac{2g}{1-(d_2/d_1)^4}} \qquad (2.7\text{-}6)$$

则

$$Q_{理} = K\sqrt{\Delta h} \qquad (2.7\text{-}7)$$

当管道直径 d 和 D 确定以后,K 值为一定值,可以预先计算。只要测得水管断面与喉道断面的测压管高差 Δh ,就可以根据式(2.7-7)计算出管道流量值。

对于水银差压计,式(2.7-7)可写为

$$Q_{理} = K\sqrt{12.6\Delta h} \qquad (2.7\text{-}8)$$

对于实际液体,考虑水头损失的实际流量 Q 比式(2.7-7)计算的流量小,这个误差一般用修正系数 μ(称为文丘里修流量系数)来修正,因此实际液体的流量为

$$Q_{实} = \mu K\sqrt{\Delta h} \qquad (2.7\text{-}9)$$

对于水银差压计,有

$$Q_{实} = \mu K \sqrt{12.6\Delta h} \tag{2.7-10}$$

由式(2.7-7)和式(2.7-9)可以得出

$$\mu = \frac{Q_{实}}{Q_{理}} \tag{2.7-11}$$

实验表明,μ是雷诺数$Re = v_0 D/v$的函数,雷诺数$Re < 2 \times 10^5$时,流量系数随雷诺数的增大而增大;雷诺数$Re > 2 \times 10^5$时,流量系数基本为一常数。一般认为,流量系数为0.95~0.98。

三、实验设备和仪器

实验设备为自循环实验系统,包括水泵、供水箱、调节阀、压力管道、文丘里管、接水盒和回水管。测量仪器为两种:一种是传统的量测方法,仪器为量筒、测压计、刚尺和秒表;另一种为自动量测方法。仪器由导水抽屉、盛水容器、限位开关、差压传感器、称重传感器、排水泵及差压流量测量仪组成。差压流量测量仪可显示质量、时间、差压。实验的设备仪器如图2.7-3所示。

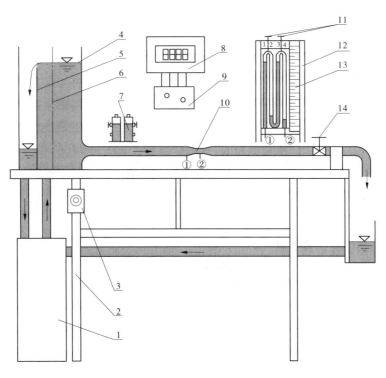

1—自循环供水器;2—实验台;3—水泵电源开关;4—恒压水箱;5—溢流板;6—稳水孔板;
7—稳压筒;8—智能化数显流量仪;9—传感器;10—文丘里流量计;11—压差计气阀;
12—压差计;13—滑尺;14—流量调节阀;①②—测压点。

图 2.7-3 文丘里流量计实验的设备仪器

四、实验方法和步骤

(1)记录有关常数 d 和 D,并计算出 K 值。

(2)打开差压流量测量仪电源,将仪器预热 15 min。

(3)打开水泵电源开关及实验管道上的流量调节阀门,使水流通过文丘里管。

(4)关闭流量调节阀门,打开测压排上的止水夹,将测压管中的空气排出,并检验空气是否排完,检验的方法是管道不过流时两根测压管的水面应齐平。

(5)打开流量调节阀门,观察测压管或差压流量测量仪面板显示的压差值为适当数值。

(6)待水流稳定后测量差压和流量。如用传统方法测量,可用量筒和秒表测量流量,用测压计测量两根测压管读数 h_1 和 h_2,则两根测压管的高度差为 $\Delta h = h_1 - h_2$。如用电测方法测量,将导水抽屉拉出开始测量,这时测量仪显示质量、时间和差压的瞬时变化值。

(7)将导水抽屉推进,本次测量结束,测量仪上显示本次测量的水的净重、测量时间和差压 Δh 值。将本次测量结果记录在相应的表格中。

(8)打开排水泵,将盛水容器中的水排出。待容器中的水排完或排放停止后即可开始第二次测量。

(9)调节出水阀门,重复第 6 步至第 8 步 n 次。

(10)实验结束后将仪器恢复原状。

五、数据处理和结果分析

(一)记录有关信息及实验常数

实验设备名称:＿＿＿＿＿＿＿＿＿　　实验台号:＿＿＿＿＿＿

实验者:＿＿＿＿＿＿＿＿＿　　实验日期:＿＿＿＿＿＿

已知数据:管道直径 $d_1 =$　　cm;文丘里流量计喉道直径 $d_2 =$　　cm;系数 $K =$　　$\text{cm}^{2.5}/\text{s}$。

(二)实验数据及计算结果

实验数据及计算结果

测次	h_1/cm	h_2/cm	差压 $\Delta h/\text{cm}$	体积/ cm^3	时间/s	$Q_实/$ (cm^3/s)	$Q_理 = K\sqrt{\Delta h}/$ (cm^3/s)	$\mu = \dfrac{Q_实}{Q_理}$

指导教师签名:　　　　　　　　　　实验日期:

(三)实验结果分析

(1)将实测压差值代入式(2.7-7)即得理论流量。

（2）用实测的水的净体积除以测量时间即为实测流量。

（3）流量系数用式（2.7-11）计算。

（4）绘制 $\mu\text{-}Q_{实}$ 和 $Q_{实}\text{-}\Delta h$ 的关系曲线。

六、注意事项

（1）每次改变流量应待水流稳定后方能测读数据，否则影响测量精度。

（2）每次实验前要检查称重容器中的水是否排出或排放是否停止，如水未排出或排放未停止，要等待排放停止后再进行下一次测量。

七、思考题

（1）如果文丘里管没有水平放置，对测量结果有无影响？

（2）如何确定文丘里管的水头损失？

（3）通过实验说明文丘里管流量计的流量系数随流量有什么变化规律？

第八章　孔口和管嘴出流实验

一、实验目的

(1)观察孔口、管嘴出流现象。

(2)测定孔口出流收缩系数、流量系数。

(3)测定管嘴出流的真空度、流量系数。

(4)应用水流运动的基本方程来推导单孔口、管嘴出流的流量计算公式。

二、实验原理

孔口、管嘴是工程中常遇到的实际问题,如流体流过储水池、水箱等容器侧壁的孔口等都是流体出流问题,这些问题都可以用流体运动的基本定律来解决。孔口、管嘴出流实验主要是研究流体出流的基本特征,确定出流流速、流量和影响它们的因素。

根据孔口结构和出流的条件,可以分为以下几种出流:

(1)从出流的下游条件看,可分为自由出流和淹没出流。出流的水股流入大气中称为自由出流,下游水面淹没出口的称为淹没出流。

(2)从出流速度的均匀性看,可分为小孔口出流和大孔口出流,即孔口各点流速可认为是常数时称为小孔口出流,否则称为大孔口出流。一般 $d < \frac{1}{10}H$ 时,称为小孔径;$d > \frac{1}{10}H$ 时,称为大孔口。

(3)若孔口壁较厚或在孔口加一段短管,当孔壁壁厚 δ 和短管长度 L 相当于孔口直径 d 的 3~4 倍时,就叫作管嘴。

(一)恒定流圆形薄壁小孔出流

在水箱侧壁上开一个圆形薄壁小孔口,如图 2.8-1 所示,液体在水头 H 作用下流过孔口时只有局部阻力,没有沿程阻力。由于 $d \leqslant \frac{1}{10}H$,所以可以认为孔口上、下顶点的深度 H_1 与 H_2 相差不多,并都认为等于中心点的水深 H。因而,在孔口断面上各点的流速是相等的。水箱中水流从各个方向趋近孔口,由于水流运动的惯性,流线只能以光滑的曲线逐渐弯曲,因此在孔口断面上流线互不平行,而使水流在出口后继续形成收缩,直到距

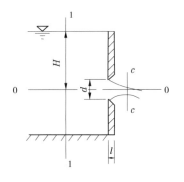

图 2.8-1　孔口自由出流

孔口约为 $\frac{1}{2}d$ 处收缩完毕,流线在此趋于平行,这一断面称为收缩断面。

设收缩断面 c—c 处的过水断面面积为 A_c,孔口的面积为 A,则两者的比值反映了水流经过孔口后的收缩程度,称为收缩系数,以符号 ε 表示,即孔口断面收缩系数 $\varepsilon = \dfrac{A_c}{A}$。

取孔口中心线为基准线,断面 1—1 及断面 c—c 的能量方程为

$$H + \frac{p_a}{\gamma} + \frac{\alpha_1 v_1^2}{2g} = \frac{p_c}{\gamma} + \frac{\alpha_c v_c^2}{2g} + h_j \qquad (2.8\text{-}1)$$

或

$$H + \frac{\alpha_1 v_1^2}{2g} = \frac{\alpha_c v_c^2}{2g} + h_j \qquad (2.8\text{-}2)$$

$$h_j = \zeta_{\text{孔}} \frac{v_c^2}{2g}$$

令 $H + \dfrac{\alpha_1 v_1^2}{2g} = H_0$,代入式(2.8-2),则得

$$H_0 = \frac{\alpha_c v_c^2}{2g} + \zeta_{\text{孔}} \frac{v_c^2}{2g} = \left(\alpha_c + \zeta_{\text{孔}} \right) \frac{v_c^2}{2g} \qquad (2.8\text{-}3)$$

由式(2.8-3),解得

$$v_c = \frac{\sqrt{2gH_0}}{\sqrt{\alpha_c + \zeta_{\text{孔}}}} \qquad (2.8\text{-}4)$$

令 $\varphi = \dfrac{1}{\sqrt{\alpha_c + \zeta_{\text{孔}}}} \approx \dfrac{1}{\sqrt{1 + \zeta_{\text{孔}}}}$

则有

$$v_c = \varphi \sqrt{2gH_0} \qquad (2.8\text{-}5)$$

据连续性原理,则有

$$Q = v_c A_c = \varphi \varepsilon A \sqrt{2gH_0} = \mu A \sqrt{2gH_0} \qquad (2.8\text{-}6)$$

式中 φ——流速系数;

     μ——孔口出流的流量系数,$\mu = \varepsilon \varphi$。

如果水箱中液体行近流速 v_1 可忽略即 $v_1 \approx 0$,则 $H_0 = H$,有

$$v_c = \varphi \sqrt{2gH} \qquad (2.8\text{-}7)$$

$$Q = \mu A \sqrt{2gH} \qquad (2.8\text{-}8)$$

式(2.8-4)、式(2.8-6)即为小孔口出流速度与流量计算公式。

由实验求得 $\varphi = 0.97 \sim 0.98$,则

$$\zeta_{\text{孔}} = \frac{1}{\varphi^2} - 1 = 0.06 \text{(对应于 } v_c \text{ 流速水头)}$$

当小孔边缘距水箱(容器)各壁面距离 $l > 3d$ 时,孔口出流收缩完善,这时

$$\varepsilon = 0.60 \sim 0.64$$
$$\mu = \varepsilon\varphi = (0.60 \sim 0.64) \times 0.97 = 0.582 \sim 0.621$$

实验值为

$$\mu = \frac{Q_{实}}{Q_{计}} = 0.62$$

（二）恒定流圆柱形外管嘴出流

为保证形成管嘴出流,管嘴长度 $l = (3 \sim 4)d$,圆柱形外管嘴出流情况如图 2.8-2 所示。如同孔口出流一样,当流体从各方向汇集并流入管嘴后,由于惯性作用,流股也要发生收缩,从而形成收缩断面 c—c。在收缩断面流体与管壁脱离,并伴有漩涡产生,然后流体逐渐扩大充满整个断面满管流出。由于收缩断面是封闭在管嘴内部(这一点和孔口出流完全不同),会产生负压,出现管嘴出流时的真空现象。

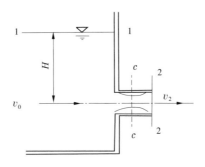

图 2.8-2　圆柱形外管嘴出流情况

管嘴出流收缩断面 c—c 在管嘴内部,出口断面的水流不发生收缩,故 $\varepsilon = 1$。管嘴出流阻力比孔口阻力大,除有和孔口一样的孔口阻力外,还有大局部阻力和沿程损失。

以通过管嘴中心的水平面为基准面,列出水箱水面 1—1 和管嘴出口断面 2—2 的能量方程式,可得

$$H + \frac{\alpha_1 v_1^2}{2g} = \frac{\alpha_2 v_2^2}{2g} + \sum \zeta \frac{v_2^2}{2g} \qquad (2.8\text{-}9)$$

忽略行进流速水头,则得

$$v_2 = \frac{\sqrt{2gH}}{\sqrt{\alpha_2 + \sum \zeta}} = \varphi \sqrt{2gH} \qquad (2.8\text{-}10)$$

$$Q = Av_2 = \varphi A \sqrt{2gH} = \mu A \sqrt{2gH} \qquad (2.8\text{-}11)$$

式中　φ—— 流速系数,$\varphi = \dfrac{1}{\sqrt{\alpha_2 + \sum \zeta}}$;

　　　A—— 管嘴断面面积;

　　　μ—— 流量系数,$\mu = \varepsilon\varphi$,因为管嘴 $\varepsilon = 1$,所以有 $\mu = \varphi$。

对比式(2.8-8)与式(2.8-11),可以发现,管嘴出流流量计算公式和孔口一样,仅系数大小不同。

流速系数 φ 和流量系数 μ 值的计算,对于管嘴出流总的水头损失有

$$\begin{cases} h_w = \sum \zeta \dfrac{v_2^2}{2g} \\ \sum \zeta = \zeta_{收缩} + \zeta_{扩} + \lambda \dfrac{l}{d} \end{cases} \qquad (2.8\text{-}12)$$

式中,所有阻力系数都是对管嘴出口断面上流速水头而言的。

$$\zeta_{收缩} = \zeta_{孔} \left(\frac{v_c}{v_2} \right)^2 = \zeta_{孔} \left(\frac{A}{A_c} \right)^2 = \zeta_{孔} \left(\frac{1}{\varepsilon} \right)^2 = 0.06 \times \left(\frac{1}{0.63} \right)^2 = 0.15$$

$$\zeta_{扩} = \left(\frac{A}{A_c} - 1 \right)^2 = \left(\frac{1}{\varepsilon} - 1 \right)^2 = \left(\frac{1}{0.6} - 1 \right)^2 = 0.32$$

如果取 $\lambda = 0.02, l = 3d$,则

$$\lambda \frac{l}{d} = 0.02 \times 3 = 0.06$$

将这些值代入式(2.8-12),则

$$\sum \zeta = 0.15 + 0.32 + 0.06 = 0.53$$

取 $\alpha_2 = 1$,则

$$\varphi = \frac{1}{\sqrt{\alpha_2 + \sum \zeta}} = \frac{1}{\sqrt{1 + 0.53}} = 0.82$$

$$\mu = \varphi = 0.82$$

实验值为

$$\mu = \frac{Q_{实}}{Q_{计}} = 0.82$$

三、实验设备和仪器

试验设备有孔口及管嘴水箱 1 套,量筒 1 个,秒表 1 只,游标卡尺 1 个。孔口出流与管嘴出流试验装置如图 2.8-3 所示。

四、实验步骤

(1)打开进水阀门,调节水箱水位保持某一高度,使之产生孔口或管嘴出流。

(2)量测水头 H(孔口或管嘴中心线上的水深)。

(3)用游标卡尺量测孔口出流收缩断面直径 d(量测两个成正交的直径,取其平均值)。

(4)用体积法量测流量 Q。

(5)将量测数据记录在表内。

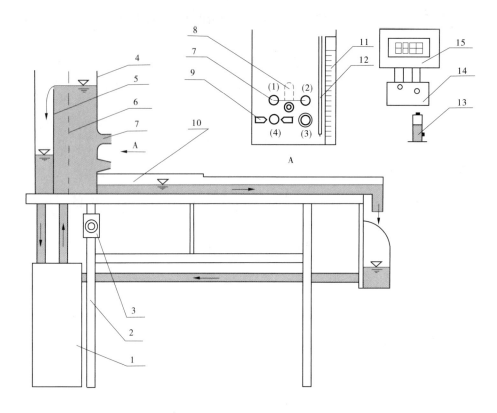

1—自循环供水器;2—实验台;3—水泵电源开关;4—恒压水箱;5—溢流板;6—稳水孔板;
7—孔口管嘴;8—防溅旋板;9—移动触头;10—上回水槽;11—标尺;12—测压管;
13—内置式稳压筒;14—传感器;15—智能化数显流量仪。
（1）—圆角进口管嘴;（2）—直角进口管嘴;（3）—锥形管嘴;（4）—薄壁圆形小孔口。

图 2.8-3　孔口出流与管嘴出流实验装置

（6）改变水箱水位，重量 3~4 次。

（7）实验完毕将仪器恢复原样。

五、数据处理和结果分析

（一）记录有关信息及实验常数

实验设备名称：＿＿＿＿＿＿＿＿＿　　　实验台号：＿＿＿＿＿＿＿

实验者：＿＿＿＿＿＿＿＿＿＿＿　　　实验日期：＿＿＿＿＿＿＿

已知数据:孔口直径 $d_{孔}$ =　　　cm;孔口面积 =　　　cm^2 ;

　　　　　管嘴直径 $d_{嘴}$ =　　　cm;管嘴面积 =　　　cm^2 。

(二)实验数据及计算结果

实验数据及计算成果

测次	孔口或管嘴直径 d/cm	面积 A/cm²	H/cm	收缩断面直径 d/cm	收缩系数	体积/cm³	时间/s	$Q_实$/(cm³/s)	$Q_计$/(cm³/s)	μ	位置
1											孔口
2											
3											
1											管嘴
2											
3											

指导老师签名：　　　　　　　　　　　　　实验日期：

(三)实验结果分析

(1)将实测值代入式(2.8-8)或式(2.8-11)即得计算流量。
(2)用实测的水体积除以测量时间即为实测流量。
(3)流量系数的计算。
(4)绘制孔口和管嘴流量系数与水头的关系曲线。

六、注意事项

(1)管嘴与孔口的出流区别是出口断面满管出流,管嘴内形成真空。实验时,注意操作,勿使管嘴内形成孔口出流。
(2)量测数据时,水箱水面一定要保持稳定。

七、思考题

(1)管嘴出流阻力比孔口阻力大,但当 H 和 A 相同时,通过的流量比孔口还大,请解释这一现象的物理原因。
(2)对水来说,放置接近汽化压力而允许真空高度 $h_{真空}=7$ mH₂O,要保证不破坏管嘴正常水流,最大限制水头 H 应为多少?
(3)为什么取管嘴长度 $l=(3\sim4)d$?

第九章　明渠水跃实验

一、实验目的

(1)观察水跃现象,了解水跃水流结构的基本特征、水跃类型及其形成条件。

(2)了解水跃消能的物理过程。

(3)测量水跃参数,与公式计算值比较,并绘制$\dfrac{h''}{h'}$与Fr_1的关系曲线,并与理论值比较,分析误差产生的原因。

(4)演示各种衔接消能方式,应注意面流及戽流衔接状态的演变。

二、实验原理

在泄水建筑物上游和下游的河道水流流动一般均属缓流,在溢流坝顶附近产生临界水深或临界流,在临界水深下游则是急流。根据明渠微波波速c和流速v的大小关系,可以判别急流缓流。当$c>v$时,为缓流;当$c<v$时,为急流。水流由急流到缓流必然产生水跃现象。水跃是一种水面衔接形式,由于在水跃过程中,水流运动要素急剧变化,水流质点及涡团剧烈紊动、掺混等,使得水流内摩擦加剧,因而消除了大量机械能(消能率为45%~64%)。在水跃范围内,水深及流速都在发生急剧的变化,所以水跃是一种明渠非均匀急变流。在闸坝及陡坡等泄水建筑物下游一般常采用水跃消能衔接。

水跃发生后,在水跃的上部有一个做剧烈旋转运动的表面旋滚区,在该区水流翻腾滚动,掺入大量的空气;旋滚之下是急剧扩散的主流。旋滚开始的断面称为跃前断面,旋滚下游回流末端的断面称为跃后断面,两断面之间称为水跃区,如图2.9-1所示。

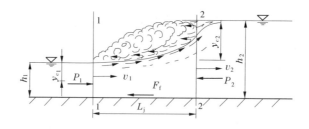

图2.9-1　水跃示意图

(一)水跃的分类

按水跃开始的位置不同,可以将水跃分为临界水跃、远驱水跃和淹没水跃。其分类标准以收缩断面水深h_c的共轭水深h_c''(跃后水深)与下游水深h_t比较,当$h_c''=h_t$时为临界水跃;当$h_c''>h_t$时为远驱水跃;当$h_c''<h_t$时为淹没水跃。

按其跃前断面弗劳德数Fr_1可以将水跃分为:当$1<Fr_1<1.7$时为波状水跃,水跃的

水流表面呈现逐渐衰减的波形。当 $1.7 < Fr_1 < 2.5$ 时为弱水跃，水跃表面形成一连串小的水面旋滚，但跃后水面较平静。当 $2.5 < Fr_1 < 4.5$ 时为不稳定水跃，这时底部主流间歇地向上窜升，旋滚随时间摆动不定，跃后水面波动较大。当 $4.5 < Fr_1 < 9.0$ 时为稳定水跃，水跃形态完整，水跃稳定，跃后水面也较平稳。当 $Fr_1 > 9.0$ 时为强水跃，高速水流挟带间歇发生的旋涡不断滚向下游，产生较大的水面波动。

在工程实用上，最好选用稳定水跃，此时跃后水面比较平稳。不稳定水跃消能效率低，且跃后水面波动大并向下游传播。强水跃虽然消能效率可进一步提高，但此时跃后水面的波动很大并一直传播到下游。至于弱水跃和波状水跃，消能效率就更低了。

（二）水跃方程

棱柱体水平明渠的水跃方程可用下式表示：

$$\frac{Q^2}{gA_1} + A_1 h_{c1} = \frac{Q^2}{gA_2} + A_2 h_{c2} \tag{2.9-1}$$

式中　Q——流量；

$A_1 \text{、} A_2$——跃前、跃后的过水断面面积；

$h_{c1} \text{、} h_{c2}$——跃前、跃后断面形心到水面的距离。

对于矩形断面，$A_1 = bh_1$，$A_2 = bh_2$，$h_{c1} = 0.5h_1$，$h_{c2} = 0.5h_2$，代入式（2.9-1），则得到棱柱体矩形水平明渠的水跃方程为

$$h_1 h_2 (h_1 + h_2) = \frac{2q^2}{g} \tag{2.9-2}$$

式中　h_1——跃前水深；

h_2——跃后水深；

q——单宽流量。

式（2.9-2）是对称二次方程，解该方程可得

$$h_2 = \frac{h_1}{2} \left(\sqrt{1 + 8\frac{q^2}{gh_1^3}} - 1 \right) \tag{2.9-3}$$

由于 $q = v_1 h_1$，代入式（2.9-3）得

$$h_2 = \frac{h_1}{2} \left(\sqrt{1 + 8Fr_1^2} - 1 \right) \tag{2.9-4}$$

式中　Fr_1——跃前断面的弗劳德数，即 $Fr_1^2 = \dfrac{v_1^2}{gh_1}$。

由式（2.9-4）可以求出跃后、跃前断面的共轭水深比为

$$\eta = \frac{h_2}{h_1} = \frac{1}{2} \left(\sqrt{1 + 8Fr_1^2} - 1 \right) \tag{2.9-5}$$

由式（2.9-5）可以看出，共轭水深比 η 是弗劳德数 Fr_1 的函数，跃前断面的 Fr_1 越大，即水流越急，所需要的 η 值越大。根据式（2.9-5）即可绘出理论曲线，实验证明当 $\eta > 2.5$ 时，η 的实验值与按式（2.9-5）计算值很接近。

（三）水跃长度的计算

水跃长度目前尚无理论公式。计算水跃长度的经验公式很多，各公式计算结果出入

较大,原因之一是水跃位置不固定,前后摆动,不易测量准确;其次是对水跃末端判断标准不同。下面是几个常用矩形明渠水跃长度计算公式:

(1)$L_j = 6.1h_2$(适用范围为 $4.5<Fr_1<10$)。

(2)$L_j = 6.9(h_2-h_1)$。

(3)$L_j = 9.4(Fr_1-1)h_1$。

(4)$L_j = 10.8(Fr_1-1)^{0.93}h_1$。

三、实验设备和仪器

明渠水跃实验系统如图 2.9-2 所示。实验设备为自循环实验水槽,包括供水箱、水泵、压力管道、上水调节阀门、消能罩、稳水道1、稳水道2、实验水槽、实用堰、下游尾门下游水位调节闸门、稳水栅、回水系统。实验仪器为活动水位测针、钢板尺、量水堰或电磁流量计和立杆。

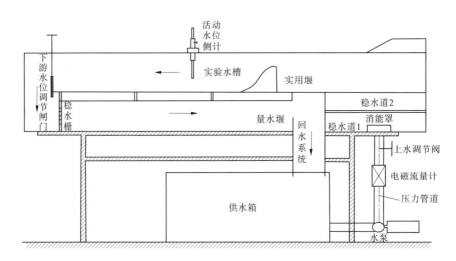

图 2.9-2　明渠水跃实验系统

四、实验步骤

(1)记录有关参数,如实验水槽宽度 B、量水堰宽度 b 和堰高 P、量水堰的堰顶测针读数和流量计算公式;用水位测针测量实验水槽槽底的测针读数,记录在相应的表格中。

(2)打开水泵电源开关,并逐渐打开上水调节阀门,使流量达到最大。

(3)待水流稳定后,调节水槽尾部的下游水位调节闸门,水流自量水堰下泄,经由实用堰形成急流,与下游缓流连续必将产生水跃。用尾门调节下游水位,可以看到三种不同的水跃形式,即远驱水跃、临界水跃和淹没水跃。本实验只对在坝趾处产生的完整水跃进行量测。

(4)调节下游水位调节闸门,使水跃的跃首位于溢流坝址处,即水跃为临界水跃状态。用立杆在跃尾附近前后移动。用水位测针测量跃前断面和跃后断面的水面测针读数,用水面测针读数减去实验水槽的槽底测针读数即得跃前断面水深 h_1 和跃后断面水深

h_2,用钢板尺测量水跃长度 L_j。

(5)用量水堰或文丘里流量计测量流量。

(6)调节上水调节阀改变流量,重复第(4)步和第(5)步的测量步骤 n 次。

(7)置入曲线堰,并使下游为急流,用闸门控制下游水深,观察下游水跃衔接方式的演变。注意观察主流及表面旋滚的不同。

(8)演示挑流消能。用闸门调节下游水深,实现从挑流到临界戽流、淹没戽流、回复底流的状态演变,即消力戽消能的不同流态演示。

(9)实验结束后,将仪器恢复原状。

五、数据处理和成果分析

(一) 记录有关信息及实验常数

实验设备名称:＿＿＿＿＿＿＿＿＿＿＿　　实验台号:＿＿＿＿＿＿＿

实验者:＿＿＿＿＿＿＿＿＿＿＿＿＿　　实验日期:＿＿＿＿＿＿＿

已知数据:实验水槽宽度 $B =$ ＿＿＿ cm;实验水槽底部测针读数 ＿＿＿ cm;

量水堰堰宽 $b =$ ＿＿＿ cm;堰高 $P =$ ＿＿＿ cm;堰顶测针读数 ＿＿＿ cm。

量水堰流量计算公式:＿＿＿＿＿＿＿＿＿＿＿＿＿

(二) 实验数据及计算结果

实验数据及计算结果

测次	实测水跃参数						水跃参数计算					
	跃前水面测针读数/cm	跃前水深 h_c/cm	跃后水面测针读数/cm	跃后水深 h_c''/cm	水跃长度 L_j/cm	流量 Q/(cm³/s)	η	q	Fr_c	$h_{c计}''$/cm	$\eta_{计}$	$L_{计}$/cm	$\dfrac{L_j}{L_{计}}$

指导教师签名:　　　　　　　　　　实验日期:

(三)实验结果分析

(1)用实测流量 Q 和跃前水深 h_1,计算跃前断面的弗劳德数 Fr_1。

(2)用实测跃后水深和跃前水深,求共轭水深比 η,点绘 η-Fr_1 的关系曲线。

(3)用实测跃前水深 h_1 和 Fr_1,代入式(2.9-4)求计算的跃后水深 $h_{2计}$,并计算 $\eta_{计} = h_{2计}/h_1$,将 $\eta_{计}$ 与 Fr_1 一同点绘在 η-Fr_1 关系图上,分析实验结果。

(4)用实测的水跃长度与计算的水跃长度进行比较。

六、注意事项

(1)跃后断面水面波动不易测准,应多测几次取平均值。实测水深时,一般沿水槽的中心线位置测量数次取平均值。

(2)跃前水深值测量精度,影响整个实验结果,选择测点要避开水冠,由于水面有波动应细心量测,量两三次再取平均值。

(3)流量不宜太小,太小将产生波状水跃。

(4)每次测量时,水流一定要稳定,即在调节上水阀门后须等待一定的时间,待水流稳定后方能测读数据。

七、思考题

(1)水跃按其位置分为几种类型?产生的条件是什么?

(2)弗劳德数的物理意义是什么?如何根据弗劳德数判别水流状态?

(3)水跃方程根据什么原理推导出来?推导方程时做了哪些假设?

第十章　明渠水面曲线演示实验

一、实验目的

(1)演示棱柱体明渠恒定非均匀渐变流在不同底坡情况下的水面曲线及其衔接形式,以加深对水面曲线定性分析方法的理解和掌握。

(2)演示堰闸出流的水流状态,通过观察其水流现象的不同,增强对水流特征的感性认知。

二、实验原理

棱柱体明渠非均匀渐变流水深沿程变化的微分方程为

$$\frac{\mathrm{d}h}{\mathrm{d}l} = \frac{i - J}{1 - Fr} \tag{2.10-1}$$

式中　h——明渠水深;

l——非均匀渐变流两断面之间的距离;

i——渠道底坡;

J——水力坡度;

Fr——弗劳德数。

由式(2.10-1)可以看出,分子反映了水流的不均匀程度,分母反映了水流的缓急程度,水面曲线的形式必然与底坡 i、实际水深 h、正常水深 h_0、临界水深 h_k 之间的相对位置有关。利用式(2.10-1)讨论水面曲线的沿程变化时,首先对 $\frac{\mathrm{d}h}{\mathrm{d}l}$ 可能出现的情况及每一种情况所表示的意义说明如下:

当 $\frac{\mathrm{d}h}{\mathrm{d}l} > 0$,为减速流动,表示水深沿程增加,称为壅水曲线。

当 $\frac{\mathrm{d}h}{\mathrm{d}l} < 0$,为加速流动,表示水深沿程减小,称为降水曲线。

当 $\frac{\mathrm{d}h}{\mathrm{d}l} = 0$,表示水深沿程不变,为均匀流动。

当 $\frac{\mathrm{d}h}{\mathrm{d}l} \to 0$,表示水深沿程变化越来越小,趋近于均匀流动。

当 $\frac{\mathrm{d}h}{\mathrm{d}l} = i$,表示水深沿程变化,但水面保持水平。

当 $\frac{\mathrm{d}h}{\mathrm{d}l} \to i$,表示水面趋近于水平,或者以水平线为渐近线。

当 $\dfrac{\mathrm{d}h}{\mathrm{d}l}\rightarrow\pm\infty$,表示水面趋近于和流向垂直,式(2.10-1)中的分母趋近于零,$Fr\rightarrow1$,此时水深趋近于临界水深 h_k ,这种情况说明水流已经超出渐变流范围而变成急变流动的水跃或水跌现象。因此,式(2.10-1)在水深接近临界水深的局部区域内是不适用的。

根据明渠底坡的不同类型,水面曲线又可分为顺坡($i>0$)、平坡($i=0$)和逆坡($i<0$)三种情况。

在水面线的分析中,一般以渠道底坡线、均匀流的正常水深线(N—N 线)、临界水深线(K—K 线)三者的相对位置可以把水深分成三个不同的区城,各区域的特点如下:

(1)N—N 线与 K—K 线以上的区域称为 a 区,其水深大于正常水深 h_0 和临界水深 h_k。

(2)N—N 线与 K—K 线之间的区域称为 b 区,其水深介于正常水深 h_0 和临界水深 h_k 之间。

(3)N—N 线与 K—K 线以下的区域称为 c 区,其水深小于正常水深 h_0 和临界水深 h_k。

明渠水面曲线分析一览表如表 2.10-1 所示。

表 2.10-1　明渠水面曲线分析一览表

底坡		区域	水面曲线名称	水深范围	$\mathrm{d}h/\mathrm{d}l$		
					一般	向上游	向下游
正坡	缓坡($i<0$)	a	a_1	$h>h_0>h_\mathrm{k}$	>0	$\rightarrow0$	$\rightarrow i$
		b	b_1	$h_0>h>h_\mathrm{k}$	<0	$\rightarrow0$	$\rightarrow-\infty$
		c	c_1	$h_0>h_\mathrm{k}>h$	>0		$\rightarrow\infty$
	陡坡($i>0$)	a	a_2	$h>h_\mathrm{k}>h_0$	>0	$\rightarrow\infty$	$\rightarrow i$
		b	b_2	$h_\mathrm{k}>h>h_0$	<0	$\rightarrow-\infty$	$\rightarrow0$
		c	c_2	$h_\mathrm{k}>h_0>h$	>0		$\rightarrow0$
	临界坡 ($i=i_\mathrm{k}$)	a	a_3	$h>h_\mathrm{k}$	>0		
		c	c_3	$h<h_\mathrm{k}$	>0		
平坡	$i=0$	b	b_0	$h>h_\mathrm{k}$	<0	$\rightarrow0$	$\rightarrow-\infty$
		c	c_0	$h<h_\mathrm{k}$	>0	$\rightarrow0$	$\rightarrow\infty$
逆坡	$i<0$	b	b'	$h>h_\mathrm{k}$	<0	$\rightarrow i$	$\rightarrow-\infty$
		c	c'	$h<h_\mathrm{k}$	>0		$\rightarrow\infty$

三、实验设备和仪器

实验设备为自循环水面线演示系统,如图 2.10-1 所示。水面曲线演示实验设备由两段宽 7~8 cm,深 20 cm 的有机玻璃槽装在可以改变底坡的底架上构成,由供水箱、水泵、压力管道、进水控制阀门、稳水箱、双活动玻璃水槽、活动接头、测计导机、上游升降机、下游升降机、闸门、集水箱、回水系统组成。实验仪器为活动水位测针和文丘里流量计。

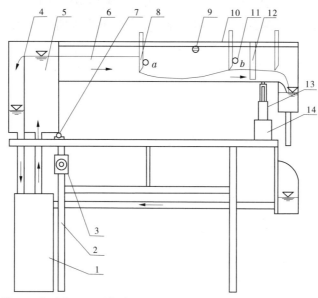

1—自循环供水器;2—实验台;3—可控硅无级调速器;4—溢流板;5—有稳水孔板的恒压供水箱;
6—变坡水槽;7—轴承;8—闸板;9—底坡水准泡;10—长度标尺;11—闸板锁紧轮;12—滑尺;
13—带标尺的升降杆;14—升降机构。

图 2.10-1　自循环水面线演示系统

四、实验方法及步骤

(1)打开进水阀,注意防止水溢出槽外,根据玻璃水槽末端为一跌坎的条件,估计出临界水深及流量,应注意调整下游槽为缓坡。

(2)调节两端升降杆,改变实际底坡,并安置必要的堰或闸,使其产生各种类型的水面曲线。

(3)认真观察水深沿程的变化,确定出相应的水面曲线类型。

五、数据处理和结果分析

(1)根据实测流量计算渠道的临界水深 h_k,在流量不变的情况下,按照上述实验方法和步骤演示 12 种水面曲线。

(2)用测针测量各种不同工况下不同地方的水深,画出各种水面曲线及衔接情况,判别水面曲线的类型。

六、注意事项

做演示实验时,要防止演示设备上的闸板滑下堵水,使水溢出水渠。

七、思考题

（1）分析水面曲线的原则是什么？在 $i=0$ 和 $i<0$ 的底坡情况下，有没有正常水深线？

（2）在 $i>0$ 的渠道中，与临界底坡相比较，分为几种水面曲线形式，水面线是怎样分区的？

（3）在 $i=0$、$i<0$ 和 $i>0$ 的底坡情况下，共有几种水面曲线形式？结合工程实际说明其应用。

第三篇　实验报告

实验一 静水压强实验

实验设备名称：_____ 实验台号：_____

实验者：_____ 实验日期：_____

各测点高程为：$\nabla_B =$ _____ 10^{-2} m，$\nabla_C =$ _____ 10^{-2} m，$\nabla_D =$ _____ 10^{-2} m。

基准面选在 _____ $z_C =$ _____ 10^{-2} m，$z_D =$ _____ 10^{-2} m。

流体静压强测量记录及计算表 单位：$\times 10^{-2}$ m

实验条件	次序	水箱液面 ∇_0	测压管液面 ∇_H	压强水头				测压管水头	
				$\dfrac{p_A}{\rho g} = \nabla_H - \nabla_0$	$\dfrac{p_B}{\rho g} = \nabla_H - \nabla_B$	$\dfrac{p_C}{\rho g} = \nabla_H - \nabla_C$	$\dfrac{p_D}{\rho g} = \nabla_H - \nabla_D$	$z_C + \dfrac{p_C}{\rho g}$	$z_D + \dfrac{p_D}{\rho g}$
$p_0 = 0$									
$p_0 > 0$									
$p_0 < 0$（其中一次 $p_B < 0$）									

实验二　流速测量(毕托管)实验

实验设备名称:＿＿＿＿＿＿＿＿＿＿　　　实验台号:＿＿＿＿＿＿

实验者:＿＿＿＿＿＿＿＿＿＿＿＿　　　实验日期:＿＿＿＿＿＿

记录计算表校正系数 $c =$ 　　　 $,k =$ 　　　 $cm^{0.5}/s$。

记录及计算表

实验次序	上、下游水位差/cm			毕托管水头差/cm			测点流速 $u = k\sqrt{\Delta h}$ /(cm/s)	测点流速系数 $\varphi' = c\sqrt{\dfrac{\Delta h}{\Delta H}}$
	h_1	h_2	ΔH	h_3	h_4	Δh		
1								
2								
3								
4								
5								
6								
7								
8								
9								
10								
11								
12								
13								
14								
15								
16								
17								
18								

实验三　管流流态实验(雷诺实验)

实验设备名称:_____　　实验台号:_____

实验者:_____　　实验日期:_____

管道直径 $d=$　　　cm;水温 =　　　℃。

记录及计算表

次数		$\Delta V/\mathrm{m}^3$	t/s	$Q/(\mathrm{cm}^3/\mathrm{s})$	$v/(\mathrm{cm/s})$	Re
下临界状态	1					
	2					
	3					
上临界状态	4					

实验四　管道沿程水头损失实验

实验设备名称:＿＿＿＿＿＿＿＿＿＿＿＿　　实验台号:＿＿＿＿＿＿＿＿

实验者:＿＿＿＿＿＿＿＿＿＿＿＿＿＿　　实验日期:＿＿＿＿＿＿＿＿

1. 绘制 $\lg h_f$-$\lg\nu$ 曲线,以 $\lg\nu$ 为横坐标,$\lg h_f$ 为纵坐标。

2. 绘制 $\lg 100\lambda$-$\lg Re$ 对数曲线,以 $\lg Re$ 为横坐标,$\lg 100\lambda$ 为纵坐标。

常数:$l=80$ cm;$k=\pi^2 g d^5/(8l)$ (cm^5/s^2);$\nu=\dfrac{0.017\ 75}{1+0.037\ 7t+0.000\ 221t^2}$。

记录及计算表

管径 /cm	测次	体积 /cm³	时间 /s	流量 Q/ (cm³/s)	流速 v/ (cm/s)	水温 /℃	运动黏滞系数 ν/ (cm²/s)	雷诺数 Re	测压管读数		沿程水头损失 h_f	沿程损失系数 λ	$Re<$ 2 000,λ $=\dfrac{64}{Re}$
									h_1	h_2			
d	1												
	2												
	3												
	4												
	5												
	6												
	7												

实验五　管道局部水头损失实验

实验设备名称：＿＿＿＿＿＿＿＿＿　　实验台号：＿＿＿＿＿＿

实验者：＿＿＿＿＿＿＿＿＿＿＿　　实验日期：＿＿＿＿＿＿

实验数据记录表

次序	流量/(cm³/s)			测压管读数/cm					
	体积	时间	流量	1	2	3	4	5	6
1									
2									
3									
4									
5									
6									
7									

数据计算用表

阻力形式	次序	流量/(cm³/s)	前断面		后断面		h_j/cm	ζ	ζ'
			$\frac{\alpha v^2}{2g}$/cm	E/cm	$\frac{\alpha v^2}{2g}$/cm	E/cm			
突然扩大	1								
	2								
	3								
突然缩小	1								
	2								
	3								

实验六　能量方程验证实验

实验设备名称：_____　　实验台号：_____

实验者：_____　　实验日期：_____

实验数据记录及计算结果

测压管编号	流量 $Q/$ $(\mathrm{cm}^3/\mathrm{s})$	管径 $d/$ cm	面积 $A/$ cm^2	测压管水头 $z+\dfrac{p}{\gamma}/$ cm	流速 $v/$ $(\mathrm{cm/s})$	流速水头 $\dfrac{v^2}{2g}/$ cm	总水头 H/cm	水头损失 $h_\mathrm{w}/$ cm
1								
2								
3								
4								
5								
6								
7								
8								
9								
10								
11								
12								
13								
14								
15								
16								
17								
18								
19								
20								

实验七　文丘里实验

实验设备名称：_____　　　实验台号：_____

实验者：_____　　　实验日期：_____

$d_1 =$ 　　$\times 10^{-2}$ m；$d_2 =$ 　　$\times 10^{-2}$ m；水温 $t =$ 　　℃；

$\nu = \dfrac{0.017\,75 \times 10^{-4}}{1 + 0.033\,7t + 0.000\,221t^2} =$ 　　$\times 10^{-4}$ m²/s；

水箱液面高程 $\nabla_0 =$ 　　$\times 10^{-2}$ m；管道轴线高程 $\nabla_z =$ 　　$\times 10^{-2}$ m。

（基准面选在标尺的零点上）

记录表

次数	测压管读数/$\times 10^{-2}$ m				流量 $Q_{实}$ /($\times 10^{-6}$ m³/s)
	h_1	h_2	h_3	h_4	
1					
2					
3					
4					
5					
6					

计算表 $K =$ 　　$\times 10^{-5}$ m²·⁵/s

次数	$Q_{实}$ /($\times 10^{-6}$ m³/s)	$\Delta h = h_1 - h_2 + h_3 - h_4$ /$\times 10^{-2}$ m	$Q_{理} = K\sqrt{\Delta h}$ /($\times 10^{-6}$ m³/s)	$\mu = \dfrac{Q_{实}}{Q_{理}}$
1				
2				
3				
4				
5				
6				

实验八　孔口和管嘴出流实验

实验设备名称：_____　　　实验台号：_____

实验者：_____　　　实验日期：_____

实验数据记录及计算表

测次	孔口或管嘴直径 d/cm	面积 A/cm²	H/cm	收缩断面直径 d/cm	收缩系数	体积 /cm³	时间 /s	$Q_实$/ (cm³/s)	$Q_计$/ (cm³/s)	μ	位置
1											
2											
3											孔口
4											
5											
1											
2											
3											管嘴
4											
5											

实验九　明渠水跃实验

实验设备名称：＿＿＿＿＿＿＿＿＿＿　　实验台号：＿＿＿＿＿＿

实验者：＿＿＿＿＿＿＿＿＿＿＿　　实验日期：＿＿＿＿＿＿

实验数据记录及计算表

测次	实测水跃参数						水跃参数计算					
	跃前水面测针读数/cm	跃前水深 h_c/cm	跃后水面测针读数/cm	跃后水深 h_c''/cm	水跃长度 L_j/cm	流量 Q/(cm³/s)	η	q	Fr_c	$h_{c计}''$/cm	$\eta_计$	$L_计$/cm
1												
2												
3												
4												
5												
6												
7												
8												
9												
10